Tina Stümpfig-Rüdisser

Jin Shin Jyutsu – Heilbehandlung bei Tieren

vianova
Verlag Via Nova

Hinweis für unsere Leser:

Das vorliegende Buch ist sorgfältig erarbeitet worden. Dennoch erfolgen alle Angaben ohne Gewähr. Weder Autorin noch Verlag können für eventuelle Schäden, die aus den im Buch gegebenen praktischen Hinweisen resultieren, eine Haftung übernehmen.

---

1. Auflage 2015

Verlag Via Nova, Alte Landstr. 12, 36100 Petersberg

Telefon: (06 61) 6 29 73

Fax: (06 61) 96 79 560

E-Mail: info@verlag-vianova.de

Internet: www.verlag-vianova.de / www.transpersonale.de

Abbildungen: Mira Stümpfig

Umschlaggestaltung: Guter Punkt, München

Satz: Sebastian Carl

Druck und Verarbeitung: Appel & Klinger, 96277 Schneckenlohe

ISBN 978-3-86616-325-6

Tina Stümpfig-Rüdisser

Jin Shin Jyutsu – Heilbehandlung bei Tieren

vianova
Verlag Via Nova

Inhalt

Vorwort

Jin Shin Jyutsu – umgangssprachlich einfach „Strömen“ oder „Heilströmen“ genannt – ist eine ganz einfache, sehr wirkungsvolle Möglichkeit, die Lebensenergie wieder in Harmonie zu bringen, die Selbstheilungskräfte zu stärken und einen umfassenden Heilungsprozess in Gang zu setzen.

Sie kennen Jin Shin Jyutsu – auch wenn Sie noch nie davon gehört haben! Es ist ein angeborenes Wissen, an das wir uns zwar nicht bewusst erinnern, das wir aber intuitiv immer wieder anwenden – für uns selbst und vielleicht auch bereits für unsere Tiere.

Wenn wir unsere Arme verschränken, berühren wir einen Punkt in den Ellenbeugen, der unsere innere Autorität stärkt. Beim Nachdenken stützen wir unseren Kopf oft in die Hände und aktivieren damit unsere Gehirnströme und regen unsere Gedächtnisfunktion an. Kinder, die in der Schule auf ihren Händen sitzen, stärken damit ihre Aufmerksamkeit, Konzentration und Merkfähigkeit. Wenn wir betroffen sind, legen wir unsere Hand aufs Brustbein. Wenn wir Schmerzen haben, legen wir unsere Hände auf die schmerzenden Stellen. Wenn unsere Tiere unruhig sind, legen wir oft unsere Hände beruhigend auf Nacken oder Schultern, oder wenn sie Schmerzen haben, auf die schmerzenden Stellen. Man sagt, Jin Shin Jyutsu sei ein angeborenes Wissen, das in uns schlummert und das wir wieder neu entdecken können – für uns Menschen und natürlich auch für unsere Tiere.

In diesem Buch finden Sie zu Beginn eine allgemeine Einführung in Jin Shin Jyutsu, dann einige kraftvolle Griffe für sich selbst und schließlich eine umfassende Beschreibung dieses Wissens für Tiere. Tiere reagieren oft sehr schnell auf diese sanfte Heilmethode – schneller als wir Menschen.

Es gibt einige grundsätzliche heilende Griffe, einige kurze Notfallgriffe und viele andere Möglichkeiten, Ihr Tier zu stärken, zu begleiten, Ungleichgewichte aufzulösen, die Selbstheilungskräfte in Gang zu setzen.

Auch wenn Ihr Tier bereits in tierärztlicher Behandlung ist, können Sie es mit Jin Shin Jyutsu unterstützen. Medikamente werden besser vertragen, auch Narkosen, Operationen besser verkraftet und der Heilungsprozess wird beschleunigt.

Anschauliche Abbildungen, klare Texte und viele Fotos helfen Ihnen, die wunderbare Kunst des Jin Shin Jyutsu sofort anzuwenden – einfach und mühelos.

„Wirklichkeit ist mühelos"

Mary Burmeister

Die Wiederentdeckung des Jin Shin Jyutsu

Jin Shin Jyutsu ist ein uraltes Menschheitswissen, das in vielen Kulturen über Generationen hinweg mündlich überliefert wurde und schließlich in Vergessenheit geriet. Es ist eine wunderbare Methode, uns selbst und unsere Tiere in allen Lebenslagen zu harmonisieren, zu stärken und zu heilen.

Jiro Murai, ein Japaner, hat dieses alte Wissen wiederentdeckt, aufgeschrieben und dadurch für uns wieder zugänglich gemacht.

Jiro Murai wurde 1886 in Japan, in Taishoomura (heute Karga City) geboren. Im Alter von 26 Jahren wurde Jiro Murai schwer krank. Kein Arzt konnte ihm mehr helfen, und alle rechneten mit seinem baldigen Tod.

Er ließ sich von seiner Familie zu einer einsamen Hütte in den Bergen bringen, wo er alleine sterben wollte.

Jiro Murai war extrem geschwächt. Er betete und meditierte. Von Buddhastatuen kannte er verschiedene Fingerhaltungen, die er nun auch anwandte. Er spürte verschiedene Ströme in seinem Körper fließen und hielt Punkte am Körper, die ihm guttaten. Dennoch wurde er immer schwächer und spürte, wie langsam das Leben aus ihm wich.

Dann aber plötzlich, am siebten Tag, fühlte er eine große Hitze in sich aufsteigen, als würde ein brennendes Feuer seinen Körper durchströmen. Er spürte einen tiefen inneren Frieden und dann Freude und Dankbarkeit. Er wusste, er war geheilt.

Ihm war klar, dass seine Heilung mit den Meditationen, Gebeten und Fingerhaltungen etwas zu tun hatte, und er schwor sich, dieses Geheimnis zu erforschen und es an die Menschen weiterzugeben.

Jiro Murai studierte die alten Schriften (z.B. das „Kojiki“: „Buch der alten Dinge“), forschte in den kaiserlichen Bibliotheken nach überliefertem Wissen und Weisheit. Und er sammelte eigene Erfahrungen, indem er sich regelmäßig in die Berge zurückzog, in die Stille ging und nach innen spürte. Er fühlte immer mehr die verborgenen Kräfte, die im Menschen wirken. Er spürte Energieströme durch seinen Körper fließen und entdeckte Punkte an seinem Körper, die eine sehr hohe Energie aufwiesen. Beim Halten dieser Punkte fühlte er, wie ein bisher ungekannter tiefer Friede, Harmonie und Freude ihn durchströmten. Aus diesen Erfahrungen, zusammen mit den alten Lehren, entwickelte Jiro Murai eine Lebenskunst, die er zuerst „Die Kunst des Glücklichseins“ nannte. Dann nannte er sie „Die Kunst der Langlebigkeit“, weil die Menschen, wenn sie diese Kunst anwandten, gesünder und kraftvoller wurden. Als Jiro Murai feststellte, wie umfassend diese Heilmethode auf Körper, Geist und Seele wirkt, gab er ihr den Namen „Jin Shin Jyutsu“, was wörtlich übersetzt heißt: „die Kunst des Schöpfers für den mitfühlenden Menschen“.

Jin: WISSENDER, mitfühlender Mensch

Shin: Schöpfer

Jyutsu: Kunst

Jiro Murai gab sein Wissen an seine treue Schülerin Mary Burmeister, Tochter japanischer Eltern, die in den USA lebten, weiter. Mary lernte und erforschte dieses Wissen und unterrichtete es – und so verbreitete es sich im Laufe der Jahre über die ganze Welt. Dieses Wissen wurde im Laufe der Jahre auch für die Tiere erforscht und angewandt – mit mindestens ebenso großen Erfolgen.

Was ist Jin Shin Jyutsu?

Jin Shin Jyutsu (ausgesprochen: „dschinn schinn dschiutsu“) ist ein Weg, die Lebensenergie im Körper wieder ins Gleichgewicht zu bringen.

Es wird deshalb einfach auch „Strömen“ genannt, weil die Lebensenergie durch das Halten bestimmter Punkte am Körper wieder ungehindert zu „strömen“ beginnt, was man mit ein bisschen Übung selbst spüren kann.

Gesundheit, Lebenskraft und Wohlbefinden hängen von der freien und gleichmäßigen Verteilung der Lebensenergie überall im Körper ab.

Fließt die Lebensenergie harmonisch durch den Körper, arbeiten die Selbstheilungskräfte kraftvoll und wirksam und Mensch und Tier sind gesund.

Jin Shin Jyutsu arbeitet mit sechsundzwanzig sogenannten „Sicherheits- Energieschlössern“, das sind Punkte am Körper, die sich innerhalb der Energiebahnen befinden, die Leben in den Körper bringen. Werden eine oder mehrere dieser Bahnen blockiert, wird der Energiefluss in der betreffenden Zone unterbrochen und letztlich das gesamte Energieströmungsmuster durcheinandergebracht. Dann entstehen Disharmonie und Krankheit.

Indem wir die Hände auf bestimmte Energieschlösser legen, können wir unsere Tiere seelisch, körperlich und geistig wieder ausbalancieren.

Blockaden lösen sich, Symptome verschwinden.

Die heilsamen Kräfte unserer Hände

Es gibt einen Spruch, der heißt: ***„Gott hat keine Hände als die Deinen“.***

In unseren Händen können wir die Lebensenergie deutlich spüren. Reiben Sie einmal für ein paar Sekunden Ihre Hände aneinander. Dann nehmen Sie die Hände auseinander und halten die Handflächen zueinander mit 10-20 cm Abstand. Spüren Sie die Energie zwischen Ihren Händen? Spüren Sie sie noch, wenn Sie die Hände weiter auseinanderbringen? Spielen Sie mit dieser Energie. Können Sie sich vorstellen, dass zwischen Ihren Händen eine Energiekugel oder ein Energieball ist?

Mit der Kirlian-Fotographie kann man schon seit vielen Jahren Energie sichtbar machen. Dabei kann man sehen, dass um die Hände herum ein sehr starkes Energiefeld ist, vor allem über den Fingerspitzen. Oft kann man auch sehen, wie die Energie strahlenförmig aus den Händen fließt.

Mary Burmeister vergleicht die Hände mit einem Kanal, „durch den die unendlichen Kräfte des Schöpfers fließen“.

Beim Jin Shin Jyutsu werden meistens 2 Punkte am Körper, in der Regel zwei Sicherheitsenergieschlösser, gleichzeitig gehalten.

Wir legen die Finger oder die ganze Hand auf diese Punkte, so lange, bis die Lebensenergie wieder ungehindert zu fließen beginnt. Wir geben unserem Tier sozusagen Starthilfe, laden die Energiebatterien wieder auf. Das können Sie sogar selbst spüren, wie eine Art Kribbeln, ein inneres Strömen. Wir sind aber nicht die „Macher“, wir geben nicht unsere Energie, sondern indem wir zwei Energieschlösser halten, geben wir durch die Lichtenergie in unseren Händen einen Impuls an die Energiepunkte. Dadurch verstärkt sich deren Schwingung und die Energie in den Strömen kommt wieder zum Fließen. Wie gesagt, wir geben nur Starthilfe und lassen dann geschehen.

Anleitung fürs Strömen

Tiere reagieren normalerweise wesentlich schneller auf das Geströmtwerden als Menschen. Beim erwachsenen Menschen gilt die Strömregel „45-60 Minuten am Stück", bei Kindern „20-30 Minuten" und bei Tieren sogar nur „10-15 Minuten".

Auch zeigen Tiere meist ganz deutlich, wenn es ihnen reicht, indem sie sich dann einfach wegbewegen oder unruhig werden. Manchmal braucht es dafür nur ein paar Minuten Strömen.

Halten Sie die jeweils angegebenen Punkte mit den Fingern, den Fingerspitzen oder den Handflächen, und zwar so lange, bis Sie ein gleichmäßiges ausgeglichenes Strömen oder Pulsieren spüren. Anfangs ist dieses Pulsieren oder Strömen oft nicht deutlich wahrnehmbar, es kann eine Zeitlang dauern, bis Sie sich auf die feine Energie eingestimmt haben und dieses Pulsieren wahrnehmen. Bis dahin richten Sie sich einfach nach der **Grundregel: Halten Sie jeden Punkt bzw. Griff ca. 3 Minuten, und gehen Sie dann zum nächsten weiter. Wenn Sie nur einen Griff strömen, können Sie ihn gut 10-15 Minuten halten.**

Bei einem längeren Strom, wie z.B. dem Zentralstrom oder den Organströmen, teilen Sie sich die Zeit der einzelnen Griffe einfach so ein, dass das Tier insgesamt ca. 10-15 Minuten am Stück geströmt wird. Sie können aber auch kürzere Sessions machen und dafür öfter am Tag strömen.

Und wie gesagt: Tiere zeigen meist sehr deutlich, wenn es genug ist. Dann ist es einfach genug – auch wenn Sie mit einem Strom noch nicht fertig sind. Auch ein unterbrochener Strom wirkt und vollendet sich schließlich von selbst.

- ◊ Sorgen Sie für eine möglichst ruhige und ungestörte Atmosphäre.
- ◊ Füttern Sie das Tier vorher, damit es nicht hungrig ist und die körperlichen Bedürfnisse die Ruhe stören.
- ◊ Halten Sie zuerst die „Einstimmungspunkte" (S. 30: „Erste Zentrierung").
- ◊ Entscheiden Sie, welche Punkte oder Ströme Sie anwenden.

- Sie können beide Körperseiten nacheinander strömen oder nur die Punkte auf der betroffenen Körperseite.
- Legen Sie Ihre Hände oder Finger auf die gewählten Energiepunkte.
- Halten Sie die Punkte so lange, bis Sie ein ruhiges, gleichmäßiges Strömen oder Pulsieren spüren (ca. 2-3 Minuten pro Griff).
- Je nach Thema können Sie 2-3 Anwendungen pro Tag machen.
- Bei akuten Themen strömen Sie lieber öfter und dafür kürzer.
- Vertrauen Sie sich selbst und Ihrem Tier!

Die wichtigsten Strömsequenzen für Sie selbst

Da Jin Shin Jyutsu so eine wunderbare einfache Selbsthilfemöglichkeit ist, möchte ich Ihnen auch ein paar einfache Griffe für sich selbst mitgeben. Abgesehen davon, tut es auch Ihren Tieren gut, wenn Sie selbst in Harmonie sind. Nicht umsonst sagt man, dass Tiere viel von „Ihren" Menschen übernehmen.

Die allereinfachste Übung im Jin Shin Jyutsu:

Die 36 bewussten und verstehenden Atemzüge

Mit dieser Übung können Sie sich in kurzer Zeit regenerieren. Es wird dabei die Aufmerksamkeit von den Gedanken weggelenkt hin zum Atem. Sie atmen alles Belastende aus und Freude und neue Lebenskraft ein.

Dies ist eine kleine einfache Übung, die Sie täglich anwenden können, um abzuschalten und neue Kräfte zu sammeln. So wird das Leben mühelos leichter.

- Setzen Sie sich bequem und aufrecht hin und geben Sie sich selbst eine große Umarmung: Legen Sie die Hände unter die Achseln, die Daumen zeigen nach oben.
- Lassen Sie Ihre Schultern fallen und entspannen Sie sich. Mary Burmeister sagte: „Sei das Fallenlassen deiner Schultern".
- Neigen Sie den Kopf leicht nach vorne, so dass Sie sein Gewicht nicht spüren.
- Schließen Sie die Augen und richten Sie Ihre Aufmerksamkeit nach innen.
- Atmen Sie einmal tief ein – und wieder aus.
- Und nun atmen Sie 36 Atemzüge, wobei Sie das Ausatmen zählen: einatmen – 1 – ausatmen; einatmen – 2 – ausatmen. Das geht so weiter bis 36.
- Sie brauchen sich um nichts zu bemühen. Seien Sie einfach das Fallenlassen Ihrer Schultern und lassen Sie Entspannung geschehen. Lassen Sie sich vom Leben ein- und ausatmen, ein und aus…
- Lassen Sie im Ausatmen alles los, was Sie belastet, allen „Staub, Schmutz und

schmierigen Dreck“, wie Mary Burmeister es recht bildlich ausdrückt. Im Einatmen seien Sie einfach ganz im Hier und Jetzt, nehmen Sie den Moment wahr und empfangen Sie den Atem.

- Wenn störende Gedanken kommen, schenken Sie Ihnen keine Aufmerksamkeit, sondern lassen Sie Ihren Fokus auf dem Atem.
  „Der Atem harmonisiert unsere Gedanken, unsere Gefühle und den Körper. Er reguliert die Verdauung und macht uns ausgeglichen. Es ist der Atem, durch den Geist, Seele und Körper miteinander verbunden werden.“ (Waltraud Riegger-Krause)

Lassen Sie Ihre Einstellung **Dankbarkeit** sein, für jeden Atemzug (das Leben atmet durch uns).

Der Zentralstrom – unsere Lebensquelle

Der Zentralstrom, der auch Hauptzentralstrom oder Mittelstrom genannt wird, versorgt uns mit der universellen Lebensenergie und strömt ununterbrochen an unserer Körpervorderseite hinunter und an der Körperrückseite wieder hinauf. Es ist der Energiestrom, der uns direkt mit unserer Quelle, mit der göttlichen Energie, verbindet und ständig durch uns fließt.

Jiro Murai nennt diesen Strom auch den „großen Lebensatem“. Er ist unsere direkte Verbindung zur universellen Energie, sozusagen unsere Hauptversorgungsquelle. Die Verbindung zwischen Geist und Materie. Er macht Leben überhaupt erst möglich.

Man nennt ihn auch Hauptzentralstrom, weil er uns für alle Vorgänge im Körper die Energie liefert.

Indem wir bestimmte Energiepunkte halten, können wir diesem Strom helfen, kraftvoll und ungehindert durch uns zu fließen.

Am bequemsten ist es, wenn Sie beim Strömen dieses Stroms auf dem Rücken liegen. Sie können sich natürlich in jeder anderen Position strömen, wichtig ist nur, dass Sie es entspannt und gemütlich haben.

Auf der Zeichnung sehen Sie die einzelnen Punkte, die der Reihe nach gehalten werden.

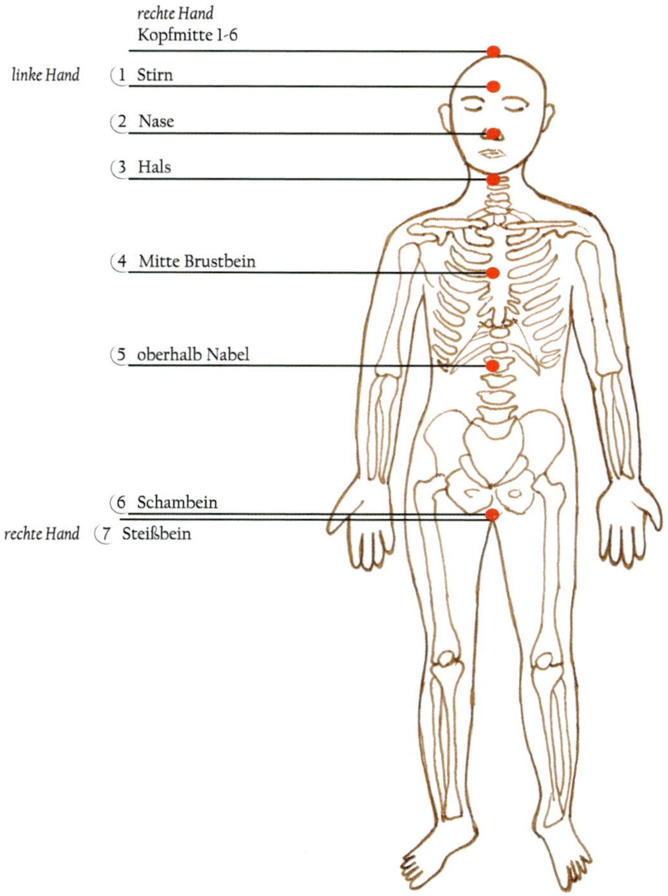

Halten Sie jede Position ungefähr zwei bis fünf Minuten.

SCHRITT 1:

Die *rechte Hand* liegt auf der **oberen Mitte des Kopfes**, und die *linke Hand* auf der **Mitte der Stirn** zwischen den Augenbrauen.

SCHRITT 2:

Die *linke Hand* liegt auf der **Nasenspitze**.

SCHRITT 3:

Die *linke Hand* liegt am **Halsgrübchen**, am oberen Ende des Brustbeines.

SCHRITT 4:

Die *linke Hand* liegt auf der **Mitte des Brustbeins**.

SCHRITT 5:

Die *linke Hand* liegt zwischen dem unteren Ende des Brustbeins und dem Bauchnabel, also im **Bereich des Solarplexus** (Sonnengeflecht).

SCHRITT 6:

Die *linke Hand* liegt auf dem **Schambein**.

SCHRITT 7:
Die *linke Hand* bleibt auf dem **Schambein** und die *rechte Hand* geht auf das **Steißbein**.

Der Hauptzentralstrom wird auch Mittelstrom genannt, weil er in der Mitte des Körpers fließt und weil er uns immer wieder zurück in unsere Mitte bringt, geistig, seelisch und körperlich.

Der Hauptzentralstrom kann zu jeder Tageszeit angewandt werden: Morgens nach dem Aufwachen bringt er uns Energie für den Tag und regt auch die Darmtätigkeit an.

Tagsüber unterstützt uns dieser Strom, die Verbindung mit der universellen Quelle zu spüren, und bringt Licht und Leichtigkeit in den Tag.

Abends hilft er uns, zu entspannen und abzuschalten, aufwühlende Gedanken zu beruhigen und entspannt einzuschlafen.

Der Zentralstrom

- ◊ bringt Körper, Geist und Seele neue Kraft und Energie
- ◊ verbindet uns mit dem höheren Selbst
- ◊ hilft uns, unsere Fähigkeiten zu entfalten
- ◊ beruhigt und entspannt am Abend
- ◊ hilft bei Ängsten und Depressionen
- ◊ bringt Lebensfreude und Lebenskraft
- ◊ hilft, klarer zu sehen und neue Sichtweisen zu bekommen
- ◊ hilft, Schuldgefühle loszulassen

- unterstützt das ganze endokrine Drüsensystem
- stärkt Magen und Milz, Nieren und Pankreas
- regt die Gedächtnis- und Gehirnfunktionen an und beugt Senilität vor
- unterstützt geistiges Wachstum
- harmonisiert den Blutdruck
- belebt den Stoffwechsel
- reguliert den Kalzium- und Magnesiumhaushalt
- unterstützt das Immunsystem
- wirkt positiv auf das Nervensystem und das Herz-Kreislauf-System
- bringt geistigen Frieden, tiefe Sicherheit und Vertrauen ins Leben
- harmonisiert von Kopf bis Fuß

Der Zentralstrom hilft der Atmung und bringt neue Freude und Lebenskraft. Ängste lösen sich auf, wir spüren wieder die Verbindung zu unserer Lebensquelle, Widerstände lösen sich, wir kommen wieder in Fluss.

Die Betreuerströme – kosmische Intelligenz

Wie schon erwähnt, entstehen die beiden Betreuerströme aus dem Zentralstrom. Sie befinden sich auf der linken und rechten Körperseite – symmetrisch – und betreuen die zugehörige Körperseite. Auf den Betreuerströmen liegen die 26 Sicherheitsenergieschlösser (SES), die später noch genauer beschrieben werden. Durch die Betreuerströme bekommen wir die Fähigkeit, zu denken und zu unterscheiden. Sie helfen uns, ehrlich und aufrichtig zu sein, einen klaren Kopf zu behalten und mit uns und unseren Mitmenschen liebevoll umzugehen. Sie helfen uns auch, mit schlechten Erinnerungen klarzukommen, Altes, Vergangenes loszulassen, neue Kraft zu finden und an uns selbst zu glauben.

Die Betreuerströme sagen:
„So, wie du bist, bist du gut genug. Du bist wunderbar. Behalte einen klaren Kopf und hör auf dein Herz ."

Durch die folgende kurze Sequenz werden die Betreuerströme harmonisiert:

Zur Harmonisierung der linken Körperhälfte:

1. Legen Sie Ihre *rechte Hand* auf die **linke Schulter** (SES 11), die *linke Hand* unter die **linke Pohälfte** (SES 25).

2. Die *rechte Hand* bleibt auf der **linken Schulter** liegen, während Sie die *linke Hand* in die **linke Leiste** legen (SES 15).

Um die rechte Körperhälfte zu harmonisieren, kehren Sie die Sequenz einfach um:

1. Legen Sie die *linke Hand* auf die **rechte Schulter**, die *rechte Hand* unter die **rechte Pohälfte**.
2. Die *linke Hand* bleibt auf der **rechten Schulter**, die *rechte Hand* kommt in die **rechte Leiste**.

Die Betreuerströme helfen:

◊ Stress abzubauen
◊ ehrlich und aufrichtig zu sein
◊ sich selbst treu zu sein
◊ an sich selbst zu glauben
◊ einen klaren Kopf zu behalten
◊ mit schlechten Erinnerungen fertig zu werden
◊ jeden Tag mit Kraft und Freude zu beginnen

Die Vermittlerströme – Wandel des Lebens

Die beiden Vermittlerstöme „vermitteln" zwischen den Betreuerströmen: Sie gleichen aus, wenn auf der einen Körperseite zu viel oder zu wenig Energie ist. Sie verweben die beiden Körperseiten miteinander. Sie verbinden die Ströme der rechten und linken Körperseite mit dem Zentralstrom, so dass die Betreuerströme immer wieder mit neuer Energie aus der Quelle versorgt werden.

Die Vermittlerströme sagen: **Das Leben ist Wandel und Bewegung.**

Immer, wenn etwas erstarrt ist, sei es auf der mentalen, emotionalen oder körperlichen Ebene, kann man davon ausgehen, dass der Vermittlerstrom belastet ist.

Um den linken Vermittlerstrom wieder in Harmonie zu bringen,

◊ legen Sie die *rechte Hand* auf die **linke Schulter**, ein wenig weiter nach hinten als bei den Betreuerströmen (SES 3),
◊ bilden Sie mit der *linken Hand* einen **Kreis**, indem Sie den **Daumen** auf den Nagel des **Ringfingers** legen,
◊ bringen Sie die **Knie zusammen**, so dass sie sich auf der Innenseite berühren.

Bleiben Sie in der Position, solange es Ihnen gut tut. Ein Richtwert ist ca. 10-15 Minuten.

Für den rechten Vermittlerstrom erfolgt die Sequenz umgekehrt:

- Legen Sie die *linke Hand* auf die **rechte Schulter**.
- Bilden Sie mit der *rechten Hand* einen **Kreis zwischen Daumen und Ringfinger**.
- Bringen Sie die **Knie zusammen**.

Die Vermittlerströme helfen:

- frei durchzuatmen
- mit Veränderungen umzugehen
- schlimme Erlebnisse und Traumen zu verarbeiten
- bei tiefer Traurigkeit und Frustration
- wenn man schnell gereizt, erregt ist
- bei Zwangsvorstellungen, ausgeprägten Minderwertigkeitskomplexen
- wenn man viel grübelt, sich unbeliebt und unbeachtet fühlt
- zu entspannen
- bei Schmerzen in Armen und Schultern
- bei Erkältung und Grippe
- bei Allergien
- bei schweren Erkrankungen

Die 26 Energieschlösser des Jin Shin Jyutsu und ihre Lage

Die Energieschlösser oder auch Sicherheitsenergieschlösser (Abkürzung: SES) genannt, sind bestimmte Punkte am Körper, an denen Energie in hochkonzentrierter Form vorliegt und die bei einer Berührung den Reiz weiterleiten, also Orte von hoher Leitfähigkeit.

Es gibt beim Menschen und beim Tier 26 Energieschlösser auf jeder Körperseite, symmetrisch angeordnet. Da die Energieschlösser je nach Lebewesen von der Lage ein wenig variieren, sind im Folgenden die SES von Mensch, Pferd, Kuh, Hund, Katze und Hase abgebildet. Je nachdem, wen Sie strömen, können Sie sich die jeweilige Abbildung vornehmen.

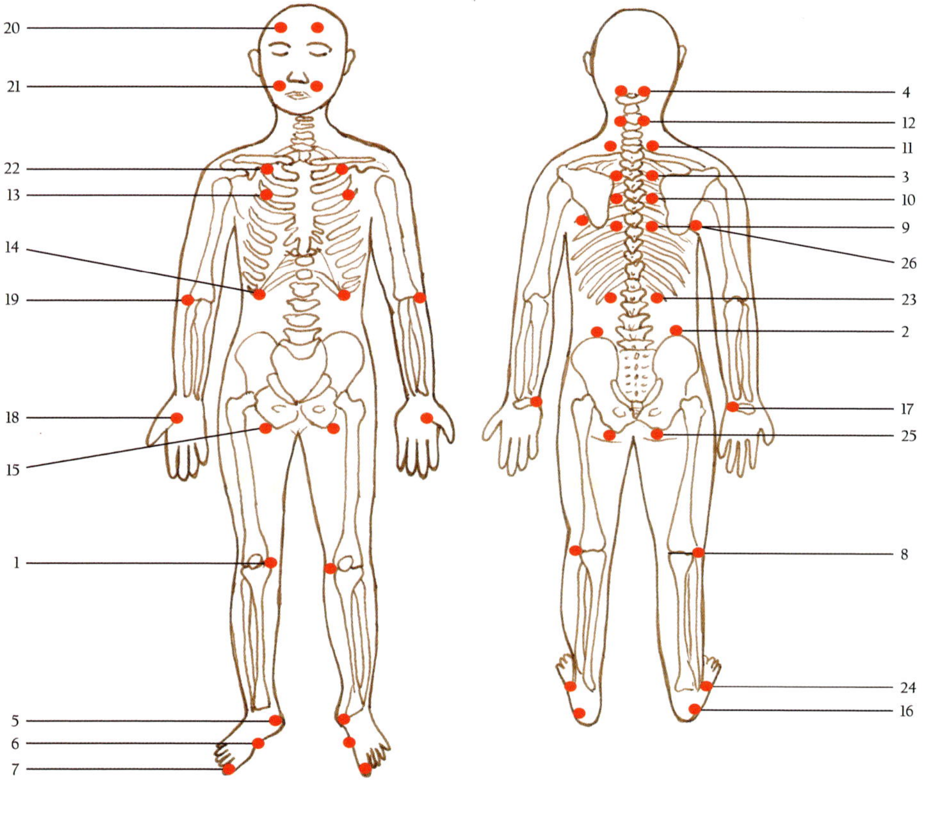

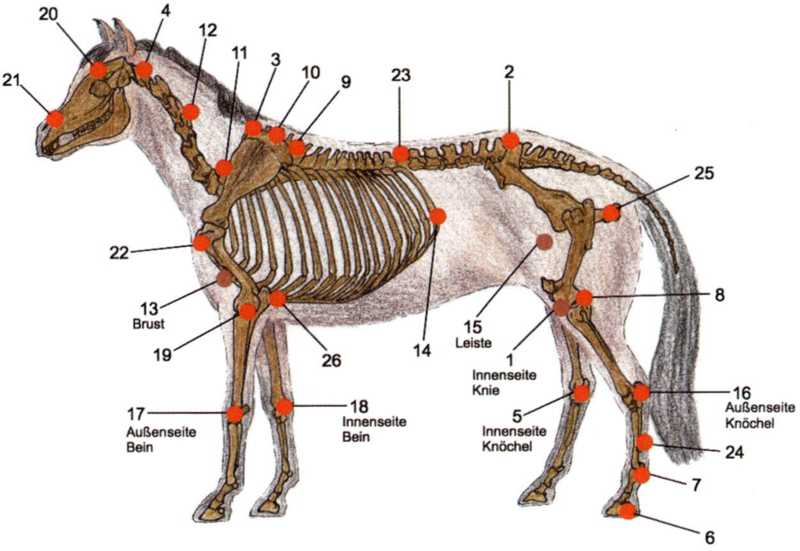
20
4
12
11
3
10
9
23
2
21
25
22
13
Brust
19
26
14
15
Leiste
1
Innenseite
Knie
8
17
Außenseite
Bein
18
Innenseite
Bein
5
Innenseite
Knöchel
16
Außenseite
Knöchel
24
7
6

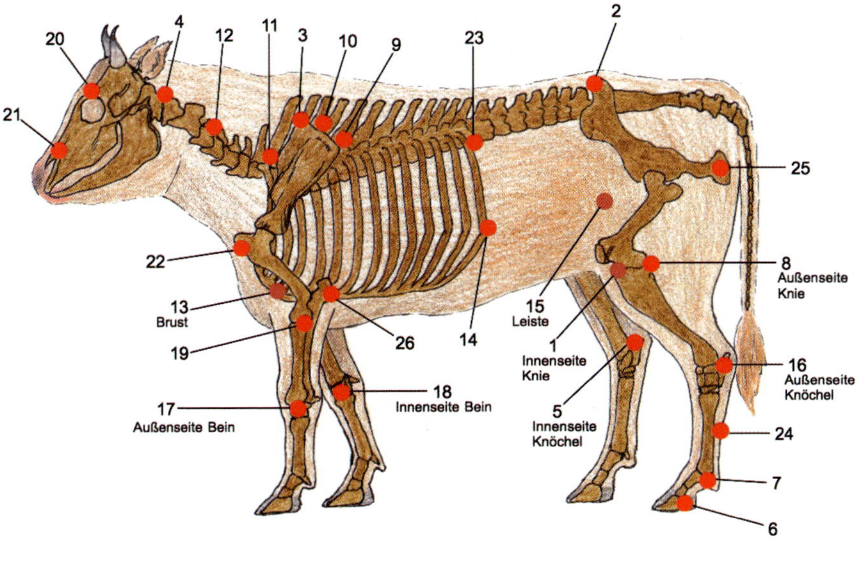
20
4
12
11
3
10
9
23
2
21
25
22
13
Brust
19
26
14
15
Leiste
1
Innenseite
Knie
8
Außenseite
Knie
17
Außenseite Bein
18
Innenseite Bein
5
Innenseite
Knöchel
16
Außenseite
Knöchel
24
7
6

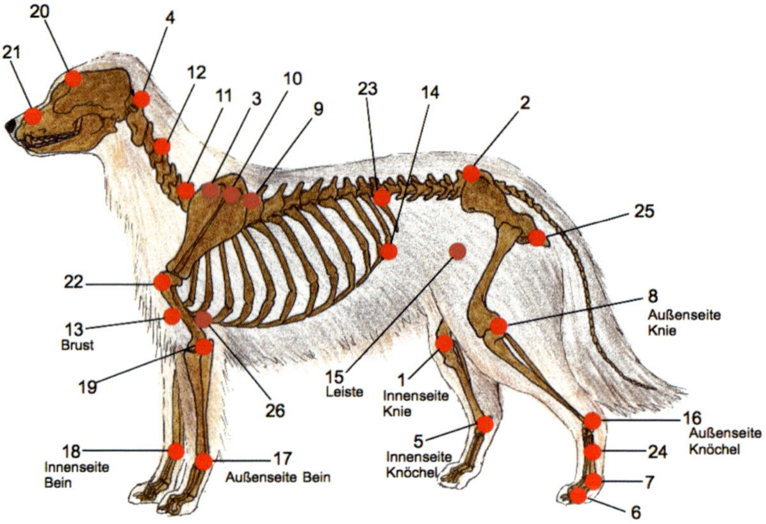
20
21
4
12
11
3
10
9
23
14
2
25
22
8
Außenseite
Knie
13
Brust
19
26
15
Leiste
1
Innenseite
Knie
16
Außenseite
Knöchel
5
Innenseite
Knöchel
24
7
6
18
Innenseite
Bein
17
Außenseite Bein

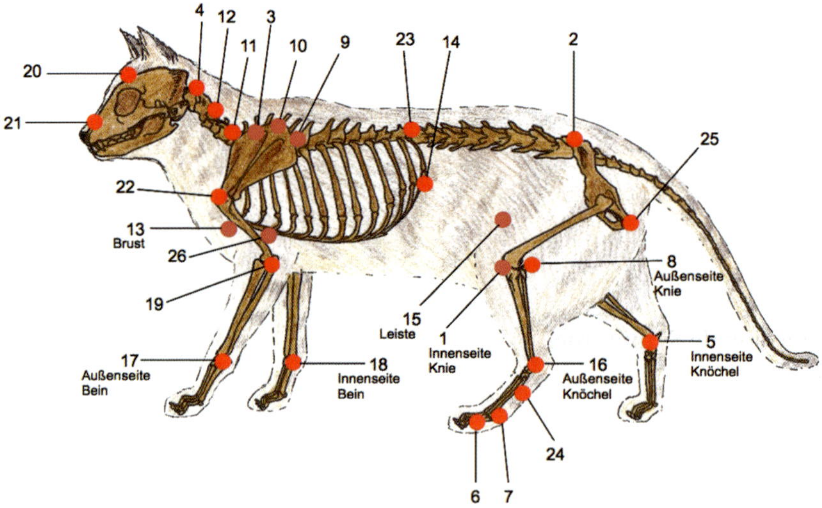
4
12
3
11
10
9
23
14
2
20
21
25
22
13
Brust
26
8
Außenseite
Knie
19
15
Leiste
1
Innenseite
Knie
5
Innenseite
Knöchel
17
Außenseite
Bein
18
Innenseite
Bein
16
Außenseite
Knöchel
24
6
7

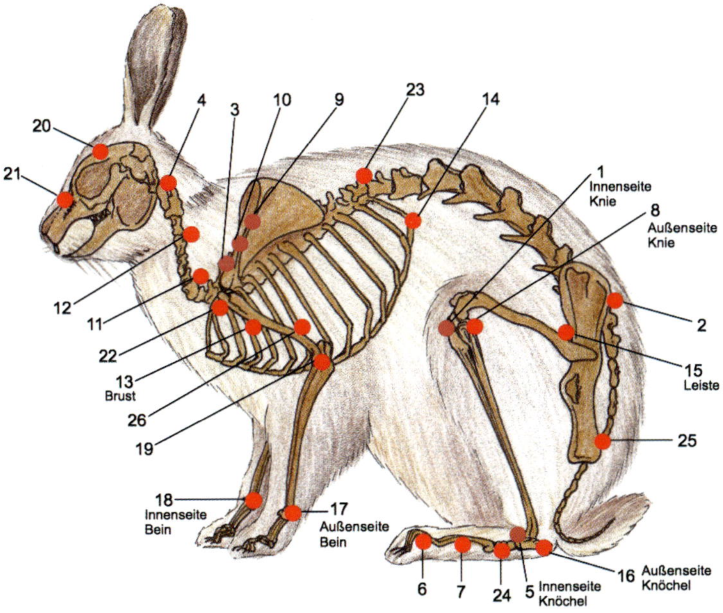

Jedes Energieschloss hat einen Durchmesser von ungefähr 7 Zentimetern beim Menschen – bei Tieren kann man es auf ihre Größe übertragen umrechnen (ca. Pfotengröße). Die SES werden auch „Schlüssel zum Königreich" genannt, weil sie den Fluss der Lebensenergie in Körper, Geist und Seele „aufschließen". Sind die Energieschlösser offen, strömt die Energie gleichmäßig durch das ganze Wesen. Ist ein Energieschloss blockiert, wird der harmonische Energiestrom unterbrochen, und wenn dieses Ungleichgewicht länger besteht, bilden sich körperliche oder emotionale Symptome.

Indem wir unsere Hände auf die blockierten Energieschlösser legen, lösen wir die gestaute Energie und bringen die Lebensenergie im Körper wieder ins Gleichgewicht.

Allgemeine Harmonisierer für Ihr Tier

Erste Zentrierung

Folgender Griff ist gut für den Beginn einer Behandlung:

Legen Sie eine Hand auf **SES 10**, die andere auf **SES 13**.

SES 10 befindet sich am oberen Rücken, zwischen Mitte Schulterblatt und der Wirbelsäule, SES 13 liegt am Brustkorb, etwas unterhalb der 3. Rippe.

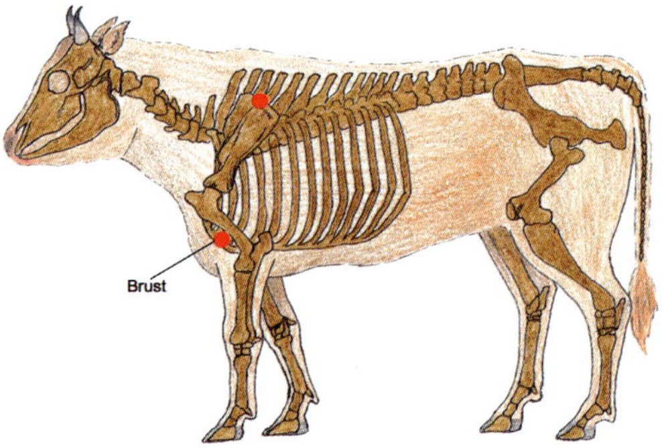

Das ist ein guter Griff zur Begrüßung und zur Einstimmung und bringt gleich die erste Entspannung.

Sie können die Punkte erst auf der einen Körperseite und dann auf der anderen halten.

Dieser Griff

- ◊ bringt die Aus- und Einatmung ins Gleichgewicht
- ◊ hilft bei Atemprojekten
- ◊ hilft bei Allergien
- ◊ lindert Husten und Bronchitis
- ◊ wirkt unterstützend und harmonisierend bei Trächtigkeit

- hilft nach Vernachlässigung oder Misshandlung
- hilft, wenn Welpen alles ankauen

Der Zentralstrom

Die Bedeutung des Zentralstromes wurde bereits im Kapitel „Die wichtigsten Strömsequenzen für Sie selbst“ beschrieben.

Es ist auch für Tiere ein sehr kraftvoller Strom, weil er die direkte Verbindung mit der Lebensquelle stärkt, Körper und Psyche harmonisiert und die Selbstheilungskräfte stark anregt.

Die Griffe beim Tier sind anders als die oben beschriebenen Selbsthilfegriffe beim Menschen.

Da der Strom genau in der Körpermitte verläuft, strömen wir auch in der Mitte, also mit der *rechten Hand* direkt auf der Wirbelsäule.

Strömen Sie von der linken Seite aus:

1. SCHRITT:
Legen Sie die *linke Hand* **in die Mitte der Brust zwischen die beiden SES 13**.
Die *linke Hand* bleibt bis zum Ende des Stromes da liegen.
Legen Sie die *rechte Hand* **in die Mitte der beiden SES 25, also ans untere Ende der Wirbelsäule**.

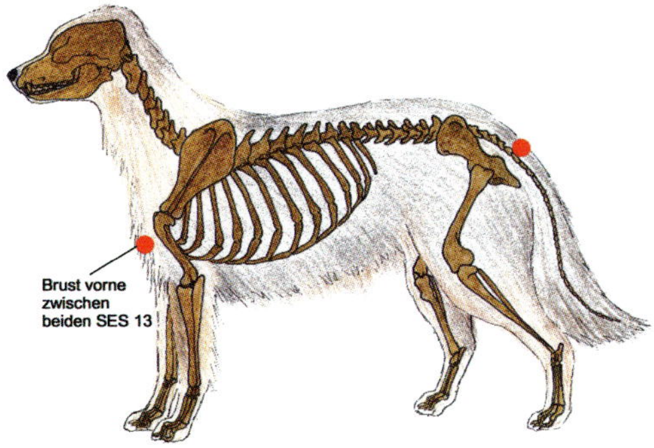

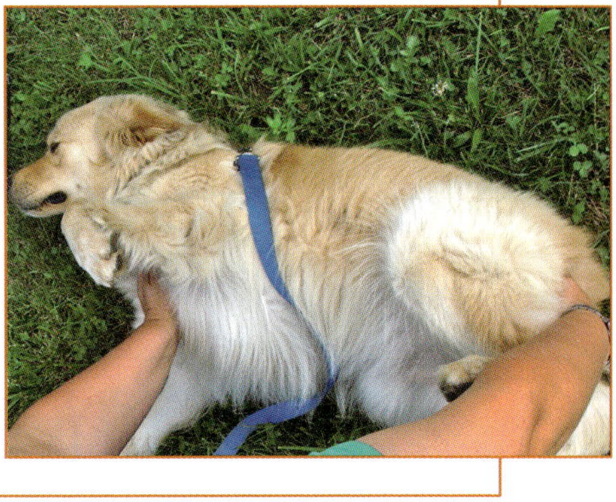

2. SCHRITT:

Legen Sie die *rechte Hand* **in die Mitte der beiden SES 2, an der oberen Kante des Beckens**.

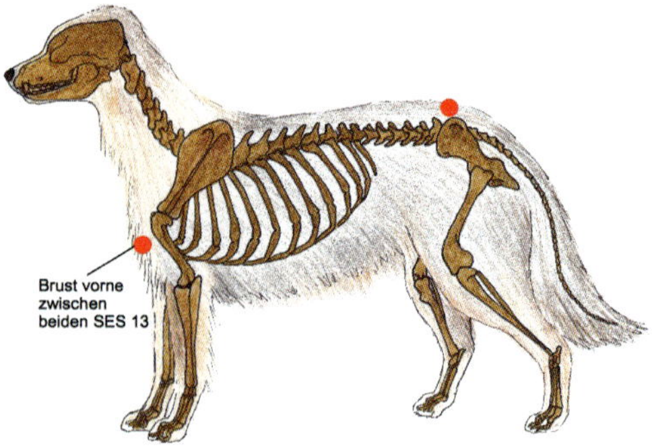

3. SCHRITT:

Legen Sie die *rechte Hand* **in die Mitte der beiden SES 23, also auf den Rücken in Höhe des letzten Rippenbogens**.

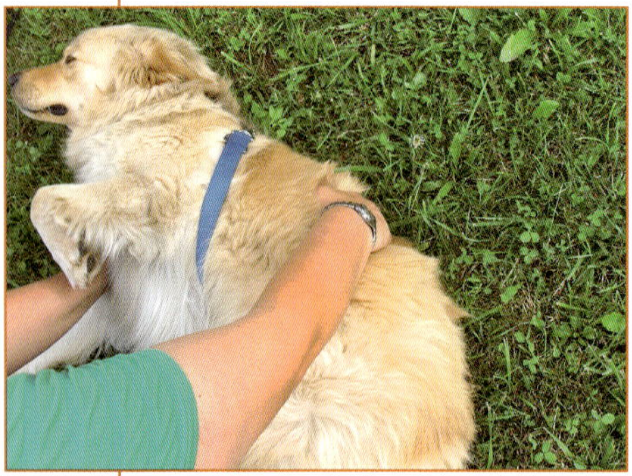

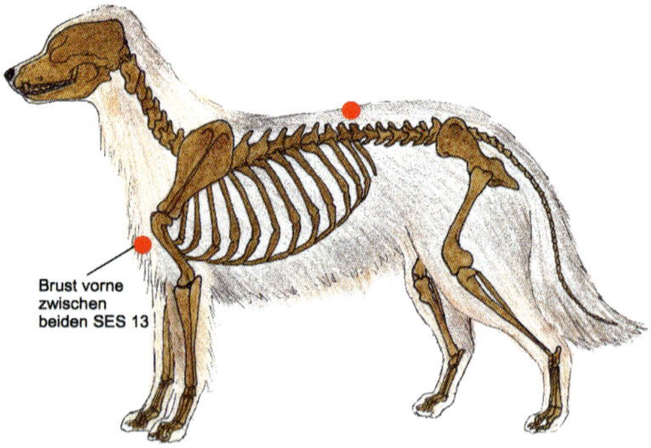

Bei kleineren Tieren können Sie Schritt 4 – 6 in einem halten.

4. SCHRITT:

Legen Sie die *rechte Hand* **in die Mitte der beiden SES 9, auf der Höhe des unteren Endes des Schulterblattes**.

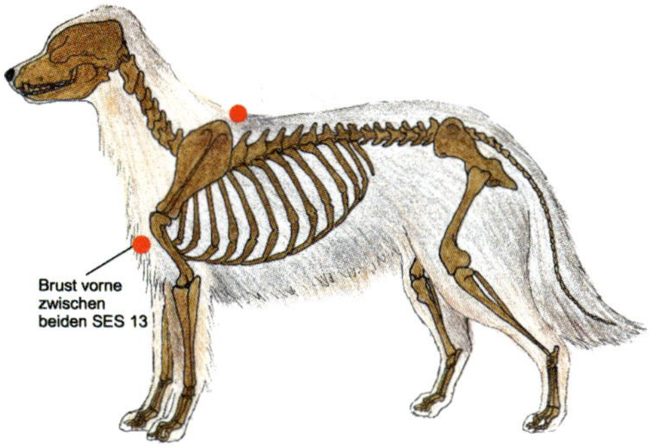

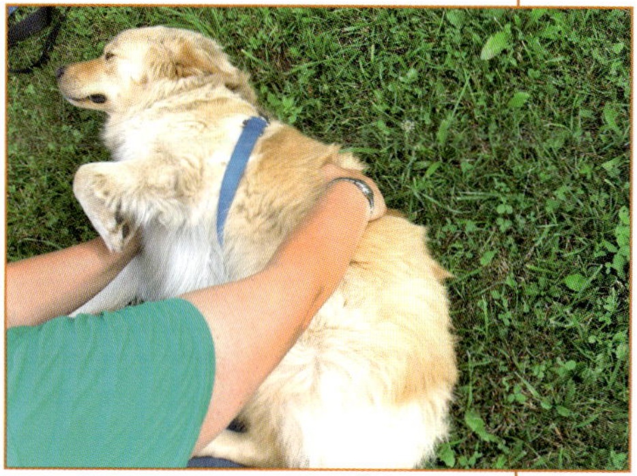

5. SCHRITT:

Legen Sie die *rechte Hand* **in die Mitte der beiden SES 10, auf Höhe der Schulterblattmitte**.

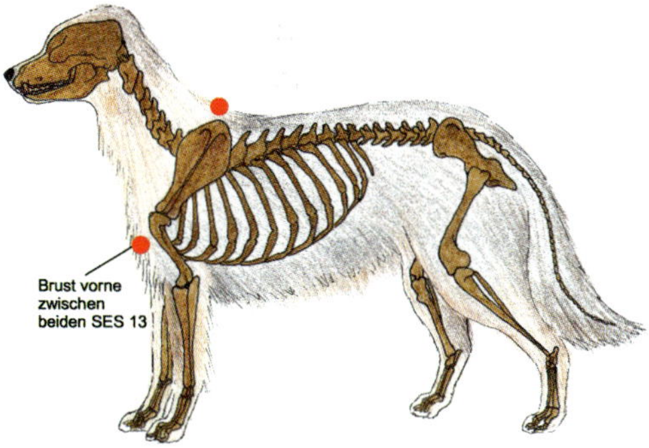

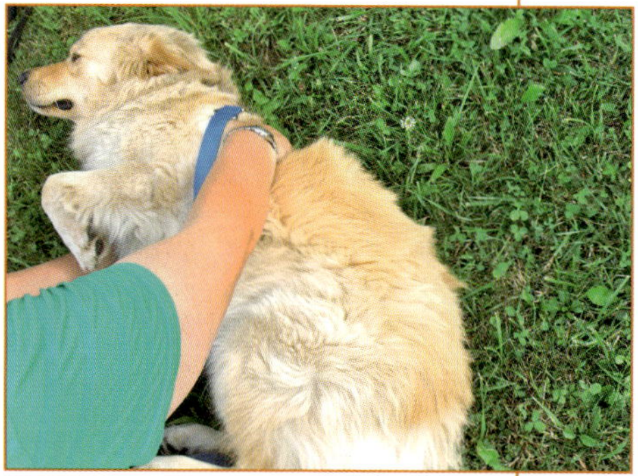

6 SCHRITT:

Legen Sie die *rechte Hand* **in die Mitte der beiden SES 3, auf Höhe des oberen Endes des Schulterblattes**.

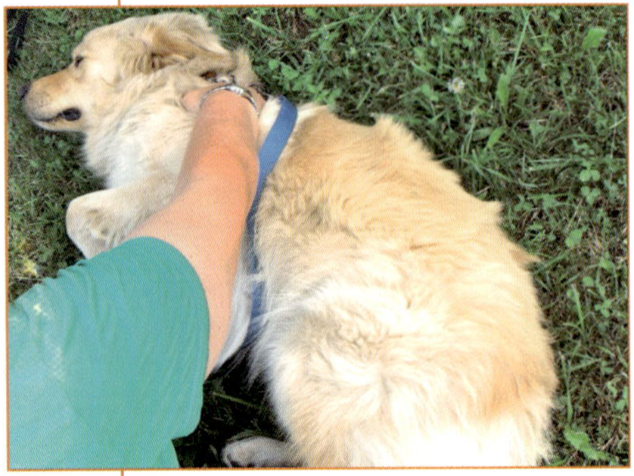

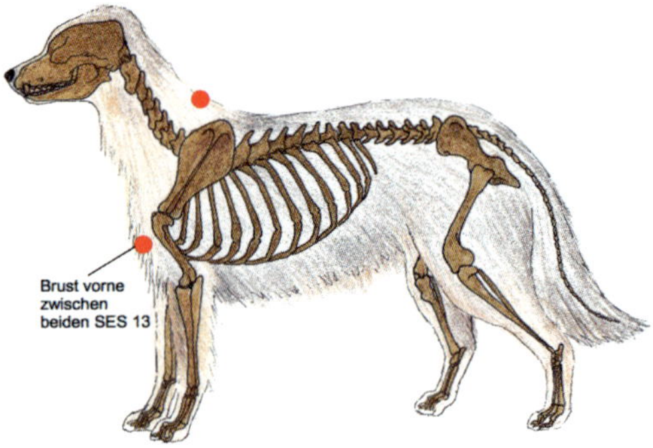

7. SCHRITT:

Legen Sie die *rechte Hand* **in die Mitte der beiden SES 11, ans untere Ende der Halswirbel**.

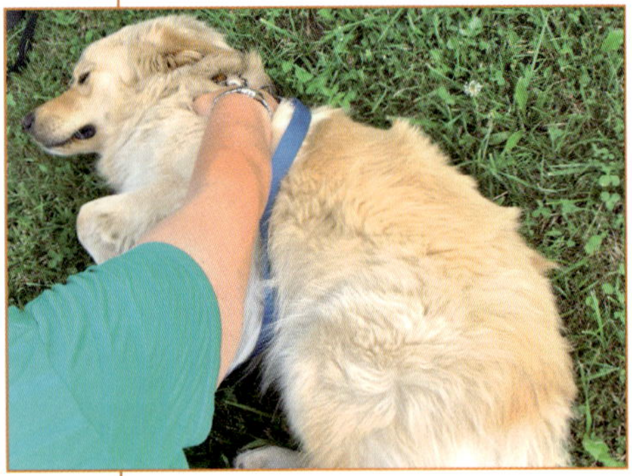

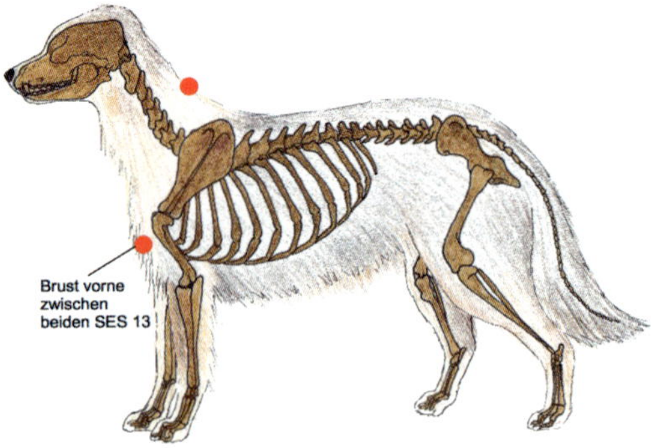

8. SCHRITT:

Legen Sie die *rechte Hand* **in die Mitte der beiden SES 12, in die Mitte des Nackens**.

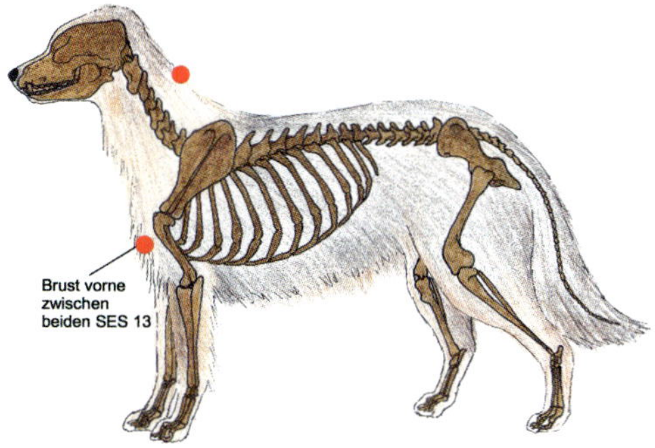

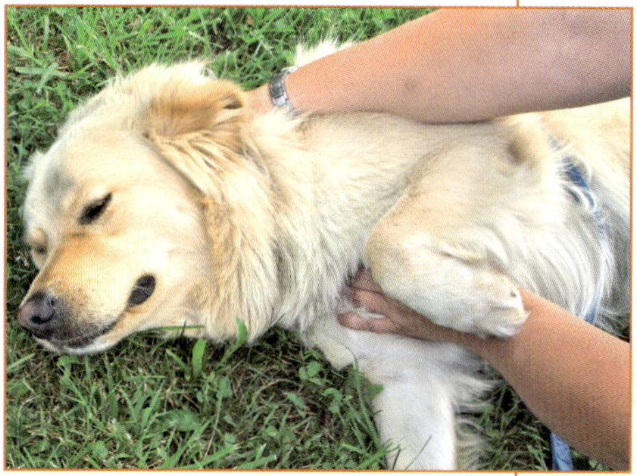

9. SCHRITT:

Legen Sie die *rechte Hand* **in die Mitte der beiden SES 4, direkt unterhalb der Schädelbasis**.

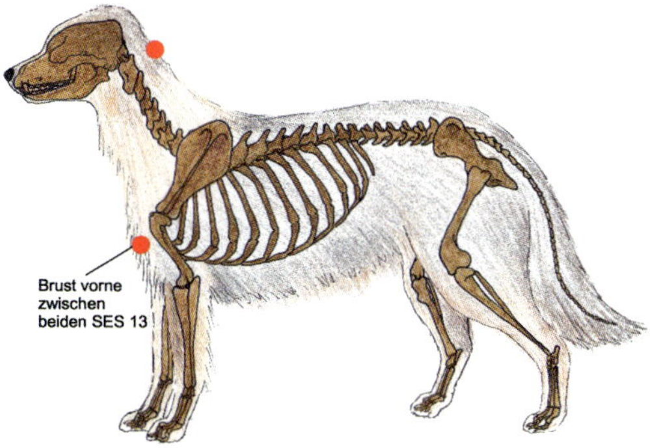

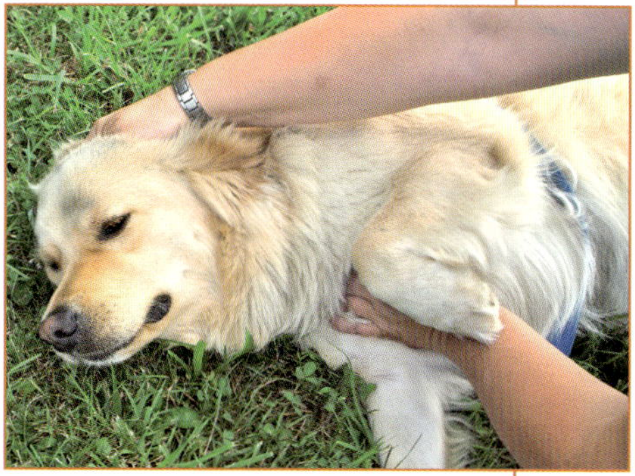

10. SCHRITT:

Legen Sie die *rechte Hand* **in die Mitte der beiden SES 20, in die Mitte der Stirn, etwas oberhalb zwischen die Augen**.

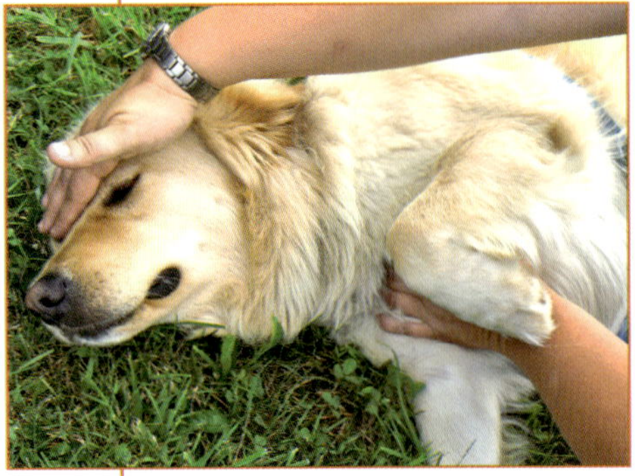

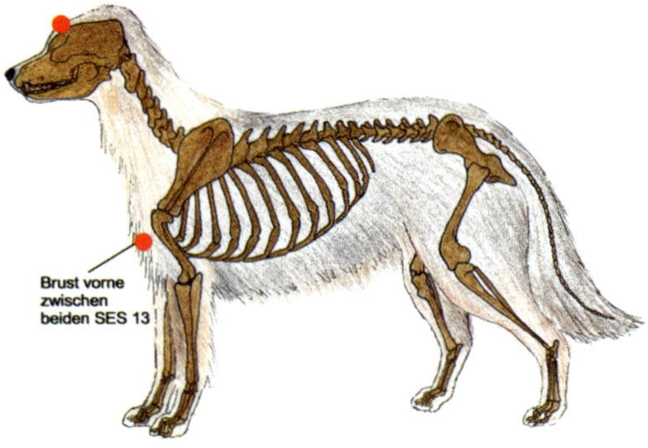

Der Zentralstrom ist ein sehr langer Strom mit seinen 10 Schritten, aber er ist sehr, sehr kraftvoll und bringt das ganze Wesen in Harmonie. Man hält jeden Schritt auch nur eine gute Minute.

Man nennt den Zentralstrom auch wegen seiner kraftvollen Wirkung den **„Wunderheiler"**, da er wirklich alles harmonisiert und ins Gleichgewicht bringt. Er hilft, voll und ganz zu regenerieren, entspannt Körper, Psyche und Nerven. Er unterstützt das Immunsystem und regt die Selbstheilungskräfte an. Er kann tiefe Traumata heilen und Ängste und Depressionen lösen.

Harmonisierung des ganzen Wesens – entspricht Betreuerstrom

Ein weiterer Strom, der den ganzen Körper, das ganze Wesen harmonisiert, ist der Betreuerstrom, der auch bereits oben unter „Wichtigste Strömsequenzen für Sie selbst“ beschrieben wurde.

Die Betreuerströme verlaufen links und rechts auf beiden Seiten des Körpers und betreuen somit beide Körperseiten. Somit unterstützen die unten beschriebenen Griffe beide Körperseiten mit allen Energieschlössern, wirken also sehr tief und umfassend.

Anwendung für die linke Körperseite:

1. SCHRITT:
Legen Sie die *linke Hand* auf das **linke SES 11 (unteres Ende der Halswirbelsäule)** und die *rechte Hand* auf das **linke SES 25 (unter den Sitzbeinhöckern)**.

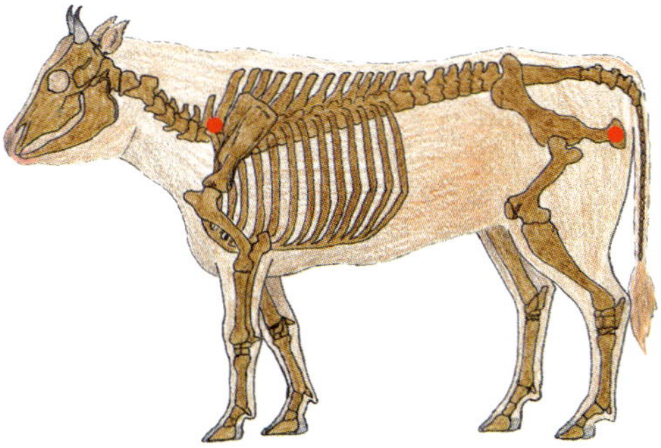

2. SCHRITT:
Lassen Sie die *linke Hand* auf **SES 11** und legen Sie die *rechte Hand* auf das **linke SES 15 (in der Leiste)**.

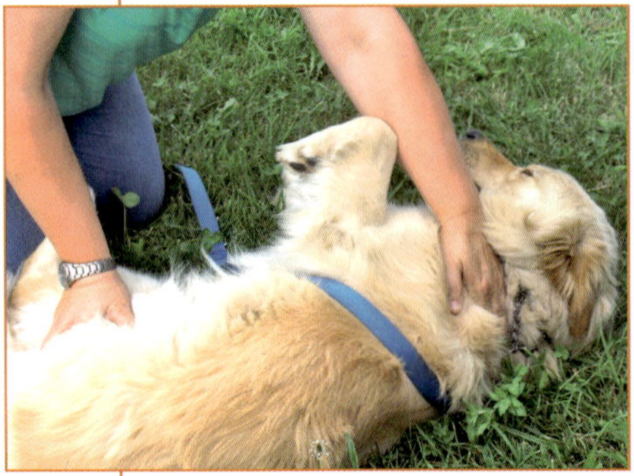

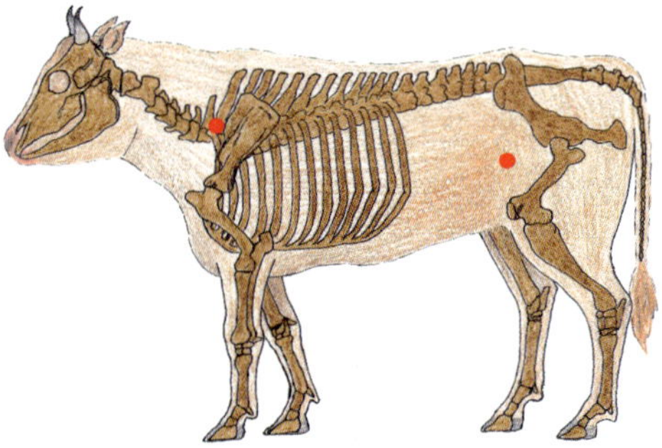

Für die rechte Körperseite machen Sie die Griffe einfach umgekehrt:

1. Legen Sie die *rechte Hand* an das **rechte SES 11** und die *linke Hand* an das **rechte SES 25**.
2. Lassen Sie die *rechte Hand* auf **SES 11** und legen Sie die *linke Hand* an das **rechte SES 15**.

Die Betreuerströme gehen durch alle Ebenen und

◊ stärken das ganze Energiesystem
◊ harmonisieren die Atmung
◊ unterstützen die Verdauung
◊ stärken die Wirbelsäule
◊ fördern die Heilung bei Knochenbrüchen

Zum Beleben der Energie

Dieser einfache Griff belebt die Energie und führt zugleich zu einer tiefen Beruhigung!
Es ist ein guter Griff für sehr unruhige Tiere, die sich sonst auch nicht so gern berühren lassen.
Auch ist es ein guter Erste-Hilfe-Griff!

Für die linke Körperseite:
Legen Sie die *linke Hand* auf das **linke SES 4** (direkt unter der Schädelbasis) und die *rechte Hand* auf das **linke SES 13** (am linken Brustkorb, ungefähr auf Höhe der 3. Rippe).

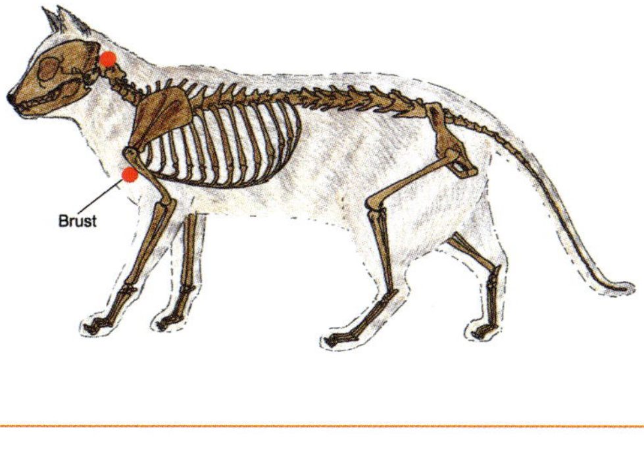

Und umgekehrt für die rechte Körperseite:
Rechte Hand auf **rechtes SES 4** und *linke Hand* auf **rechtes SES 13**.

Dieser Griff
- löst allgemeine Müdigkeit
- hilft für alles, was mit dem Kopf zu tun hat

- stärkt die Augen
- harmonisiert die Emotionen
- hilft den Gliedmaßen auf der jeweiligen Körperseite
- ist ein sehr hilfreicher Griff in der Sterbehilfe

Die 26 Energieschlösser des Jin Shin Jyutsu und ihre Bedeutung

Die **Sicherheitsenergieschlösser (SES)** sind ein **„Frühwarnsystem"** des Körpers, das uns zeigt, wenn bestimmte Teile unseres Systems überlastet sind und wo Blockaden entstanden sind. Es befinden sich jeweils 26 Energieschlösser auf jeder Körperseite (symmetrisch). Sie fungieren als „Stromkreisunterbrecher", um den Körper zu schützen, wenn der Fluss der Lebensenergie blockiert ist. Verschließt sich ein SES, manifestiert sich ein Symptom im entsprechenden Körperbereich (=Alarmsignal und Hinweis auf Quelle des Ungleichgewichts).

Im Folgenden werden die 26 Sicherheitsenergieschlösser beschrieben und die Zusammenhänge zu emotionalen und körperlichen Symptomen dargestellt. Jede Zahl hat eine bestimmte Bedeutung, die auch Aufschluss über den Ursprung des Ungleichgewichtes gibt.

Indem Sie die Hände auf die blockierten Energieschlösser legen, löst sich die Blockade und die Lebensenergie im Körper kann sich wieder ins Gleichgewicht bringen.

Halten Sie jedes Energieschloss so lange, bis Sie ein gleichmäßiges Fließen spüren. Wenn Sie anfangs nichts spüren, halten Sie die Punkte einfach ein paar Minuten – oder bis das Tier Ihnen zu verstehen gibt, dass es genug ist.

Sie können entweder beide Energieschlösser auf der linken und rechten Körperseite halten, oder Sie halten auf einer Körperseite (entweder auf der betroffenen Körperseite oder erst auf der einen, dann auf der anderen Körperseite) zwei verschiedene Energieschlösser, je nachdem, was gerade Thema ist oder wie Sie von der Anatomie am geschicktesten hinkommen. Strömen soll auch für Sie bequem sein!

Sicherheitsenergieschloss 1

Bedeutung: Der Urbeweger

Der Urbeweger bringt alles in Bewegung.
Wenn alles in Bewegung ist, kann sich kein Chaos festsetzen.

Lage: SES 1 befindet sich jeweils an der Innenseite des Hinterbeines, am Kniegelenk.

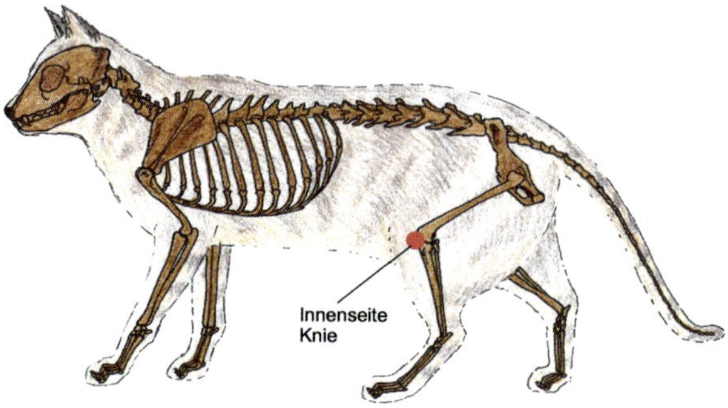

Wirkung:
- ◊ stärkt die Atmung, v.a. Ausatmung – fördert eine tiefere und leichtere Atmung
- ◊ bringt alles in Bewegung und ins Gleichgewicht
- ◊ bringt innere und äußere Stabilität
- ◊ löst Blähungen, Koliken, Verdauungsbeschwerden
- ◊ hilft, zur Ruhe zu kommen
- ◊ hilft, wenn das Tier etwas verschluckt hat: etwas fester auf SES 1 drücken
- ◊ hilft bei allem, was schnell aus dem Körper heraus muss (z.B. bei Vergiftungen)
- ◊ hilft bei allen Hautthemen (Ekzeme, Juckreiz etc)

Sie können entweder beide SES 1 halten oder mit einer Hand SES 1, mit der anderen SES 2, gleiche Körperseite.

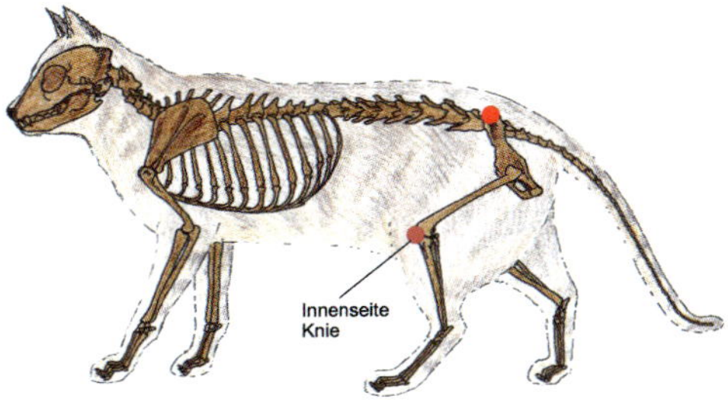

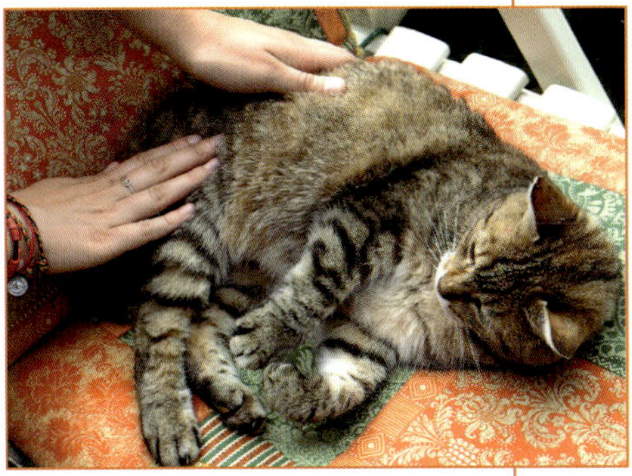

Sicherheitsenergieschloss 2

Bedeutung: Weisheit, Lebenskraft, einatmen, empfangen, aufrichten

Lage: SES 2 befindet sich links und rechts neben der Wirbelsäule am oberen Rand des Beckenknochens.

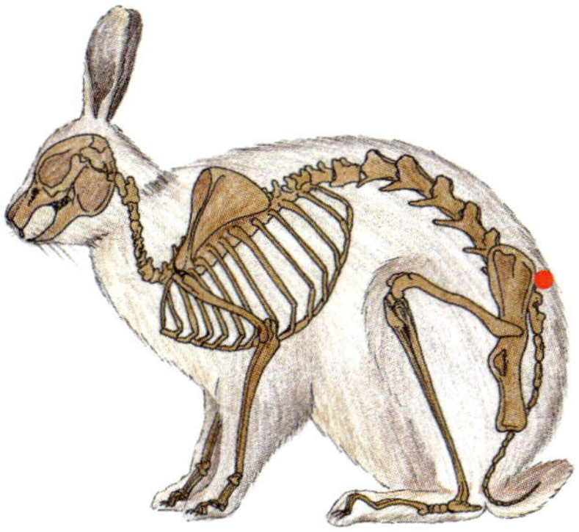

Wirkung:

- **gibt neue Lebenskraft!!!**
- ist für alles gut, was mit der Wirbelsäule zu tun hat
- vitalisiert alle Organe
- stärkt Gelenke und Bandscheiben
- hilft bei Erschöpfung
- harmonisiert die Atmung
- harmonisiert den Blutdruck
- lindert Schmerzen in den Beinen

Sie können entweder beide SES 2 halten, was bei großen Tieren allerdings etwas schwierig sein wird, oder SES 2 zusammen mit der 3.

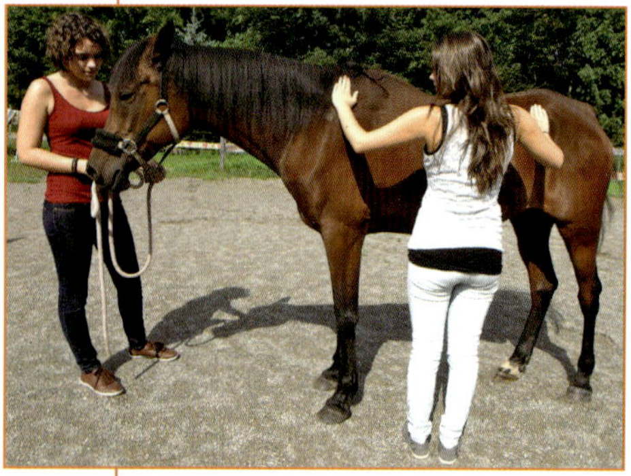

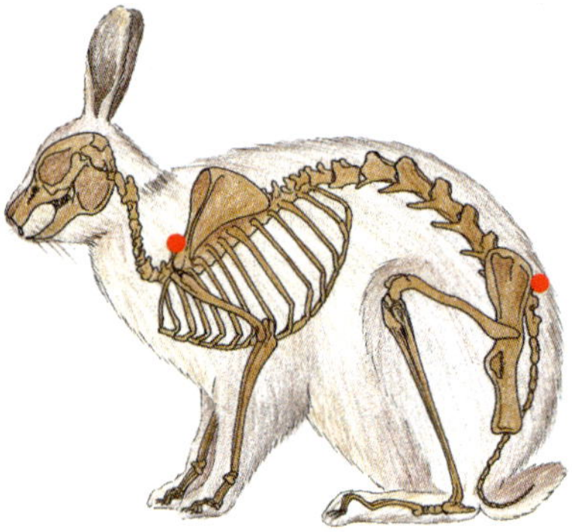

Sicherheitsenergieschloss 3

Bedeutung: Verständnis, Abwehr gegen Probleme und Unwohlsein, Tür für das Leben

SES 3 ist die Tür, die aufschwingt, um Spannungen zu entladen, und die dann wieder zurückschwingt, um gereinigte Energie zu empfangen.

Lage: SES 3 befindet sich am Rücken zwischen dem oberen Ende des Schulterblattes und der Wirbelsäule

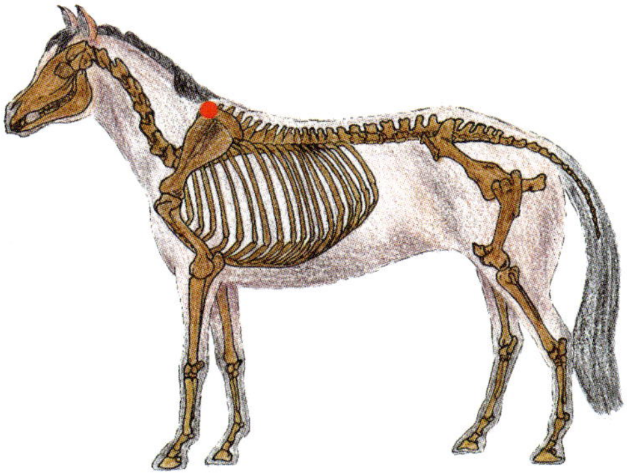

Wirkung:
◊ hilft bei allen viralen und bakteriellen Themen: öffnet die „Tür", damit Viren und Bakterien aus dem Körper können
◊ hilft bei Lungenentzündung
◊ hilft bei Erkältung und Grippe
◊ unterstützt alle Atem- und Lungenprojekte
◊ löst Stress, hilft Spannungen zu entladen
◊ stärkt das Immunsystem
◊ hilft unterstützend gegen Allergien
◊ lindert Spannungen in Beinen, vor allem Vorderbeinen und Schulter
◊ unterstützt das Lymphsystem
◊ nimmt zusammen mit SES 2 Spannung aus dem Rücken (z.B. bei Pferden, die viel in Boxen stehen)

SES 3 können Sie gut zusammen mit SES 2 strömen (siehe S. 44)
oder mit SES 15 (bei kleineren Tieren).

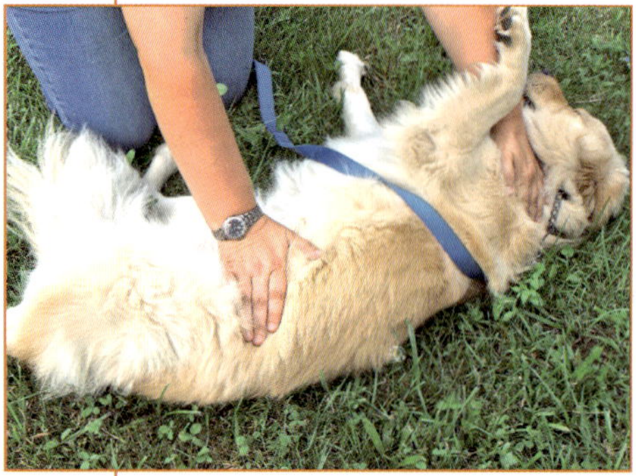

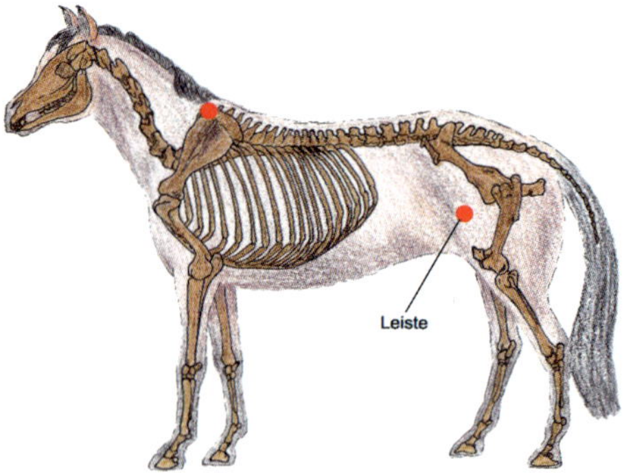

Sicherheitsenergieschloss 4

Bedeutung: das Fenster, das den Lebensatem hereinlässt

Lage: SES 4 befindet sich im Nacken an der Schädelbasis, links und rechts neben dem ersten Halswirbel.

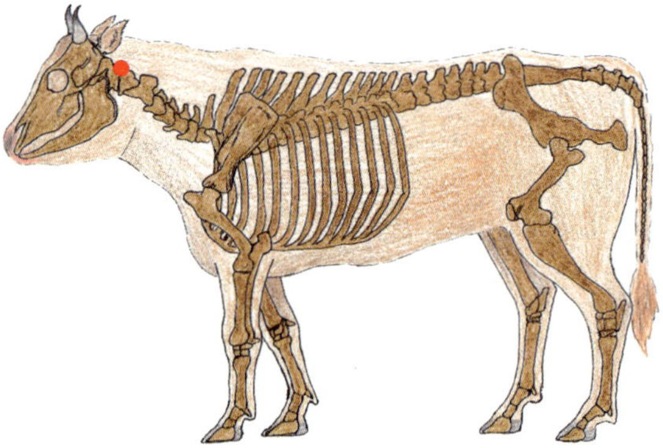

Wirkung:

- ◊ bringt Vertrauen ins Leben, Urvertrauen
- ◊ hilft ängstlichen, scheuen, schreckhaften Tieren
- ◊ hilft bei Depressionen
- ◊ hilft bei Unruhe, Hyperaktivität
- ◊ hilft den Augen
- ◊ hilft bei Bewusstlosigkeit
- ◊ hilft aus der Narkose nach OP
- ◊ hilft, Traumata zu lösen
- ◊ stärkt Beine und Knie
- ◊ ist gut für Muskeln und Gelenke (zusammen mit SES 22: vor dem Reiten jede Seite kurz zum Aufwärmen halten)
- ◊ zusammen mit SES 13: unterstützt die Hüfte und hilft bei Lähmungen
- ◊ hilft bei Aggressionen (zusammen mit SES 22)

Um SES 4 zu öffnen, halten Sie einfach beide 4er, oder legen Sie eine Hand an die 4 und die andere Hand an die gegenüberliegende 20.

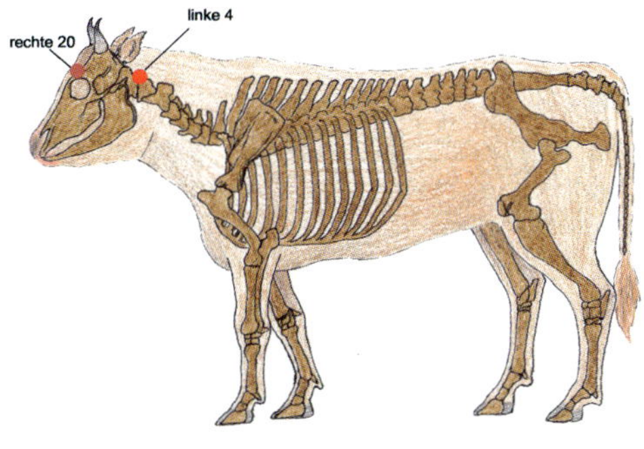

Sicherheitsenergieschloss 5

Bedeutung: Erneuerung, Zahl des Herzens

SES 5 wird auch „innerer Psychologe“ genannt: Es löst Ängste und Begrenzungen und bringt Urvertrauen, Lebendigkeit und Lebenswillen.

Lage: SES 5 befindet sich an der Innenseite des Hinterbeines am Sprunggelenk.

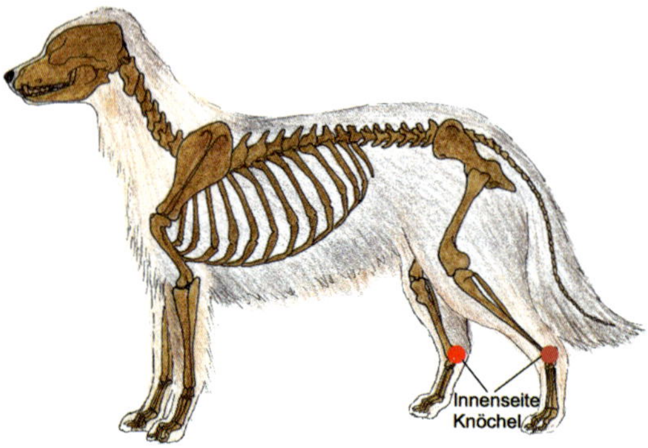

Wirkung:

- ◊ nimmt Ängste und Unsicherheiten
- ◊ ist ein wichtiger Schmerzgriff: SES 5 zusammen mit SES 16
- ◊ unterstützt die Ohren – bei allem, was mit den Ohren zu tun hat (Entzündungen, Schwerhörigkeit)
- ◊ unterstützt die Fortpflanzungsorgane
- ◊ ist ein wichtiger Punkt bei Trächtigkeit: versorgt den Uterus mit Energie
- ◊ unterstützt die Verdauung
- ◊ unterstützt die Niere

Halten Sie SES 5 zusammen mit SES 16.

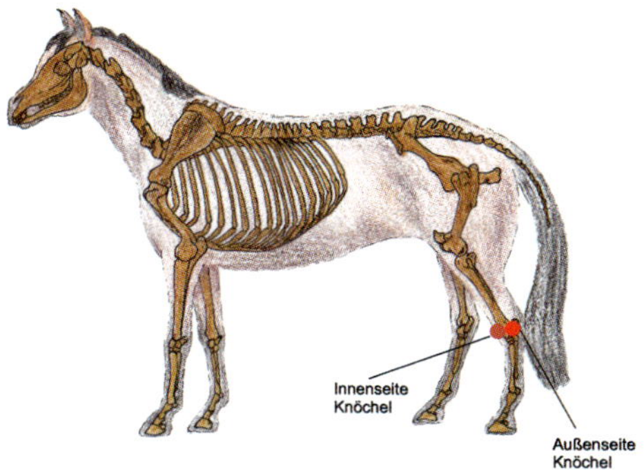

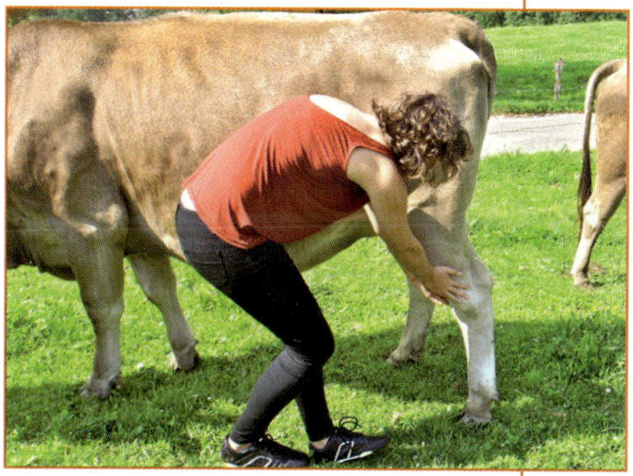

Sicherheitsenergieschloss 6

Bedeutung: Gleichgewicht, Unterscheidungsfähigkeit

Lage: SES 6 befindet sich an der unteren Außenseite der Hinterpfoten bzw. -hufe.

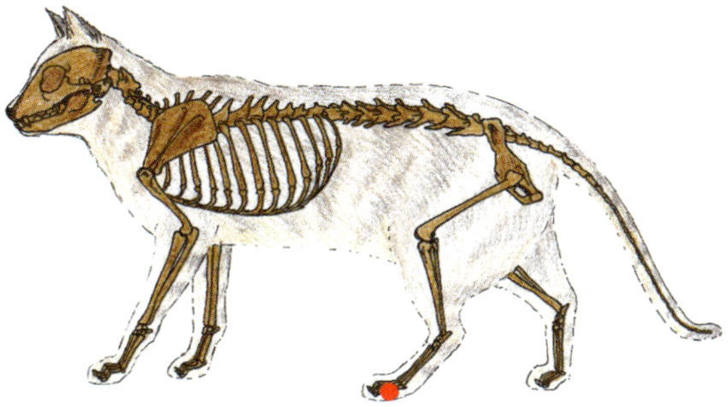

Wirkung:
- ◊ stärkt das Gleichgewicht, hilft bei Schwindel
- ◊ löst Spannungen in Schulter und Schlüsselbein

◊ löst Stresse
◊ hilft Rücken, Becken und Hüfte **(SES 2 und SES 6 sind die „Ström-Chiropraktiker")**
◊ hilft bei Verdauungsproblemen

Sie können SES 6 gut zusammen mit SES 15 halten.

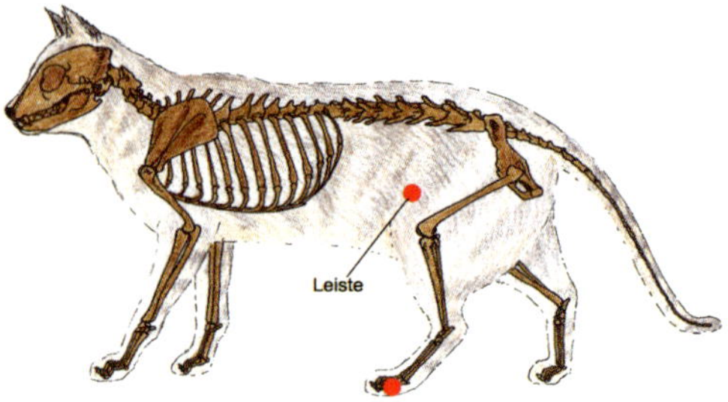

Sicherheitsenergieschloss 7

Bedeutung: Sieg, vollkommene Lebenskraft

Lage: SES 7 befindet sich an der Außenseite des hinteren Mittelfußknochens, beim Pferd am Fesselgelenk.

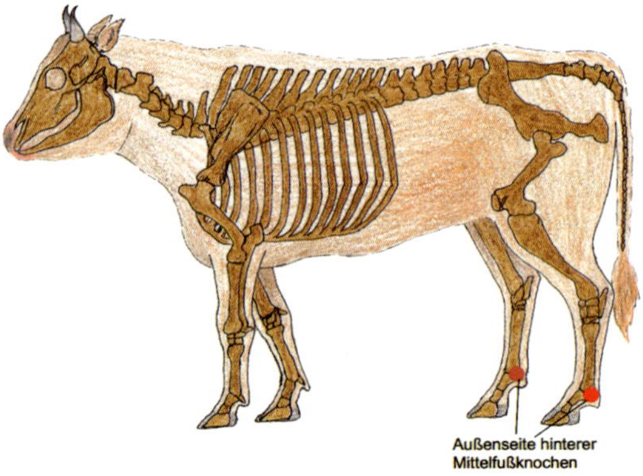

Wirkung:
- ◊ hilft bei Epilepsie
- ◊ stärkt Atmung und Lunge
- ◊ hilft Magen und Leber
- ◊ hilft zu entgiften
- ◊ hilft bei Schock
- ◊ bringt Geduld
- ◊ löst Spannungen im Kopf

Um SES 7 zu öffnen, halten Sie entweder beide SES 7 oder SES 7 zusammen mit SES 24.

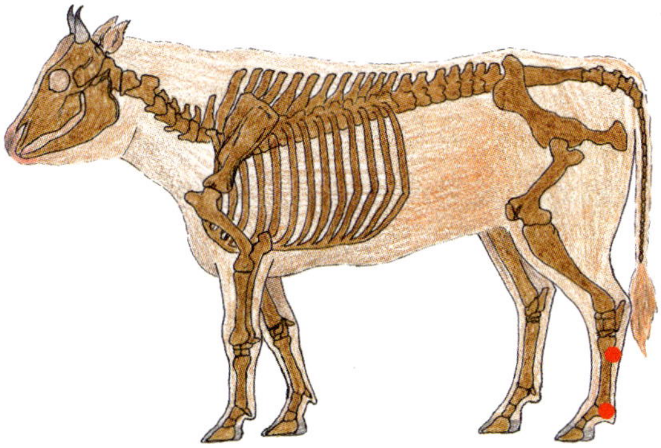

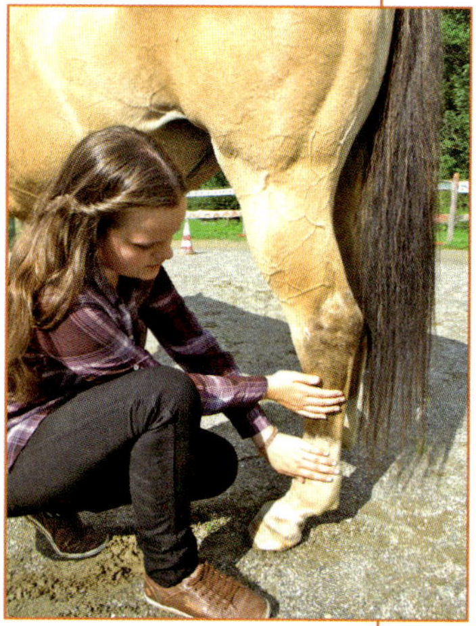

Auch SES 2 zusammen mit SES 15 öffnet SES 7.

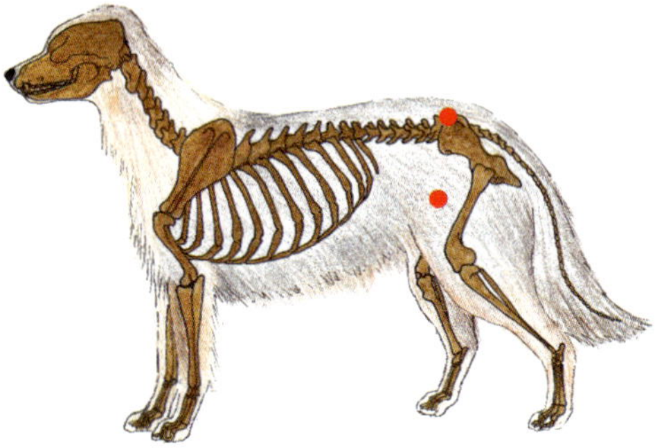

Sicherheitsenergieschloss 8

Bedeutung: Rhythmus, Stärke, Frieden

Lage: SES 8 befindet sich an der Außenseite des Hinterbeines am Kniegelenk.

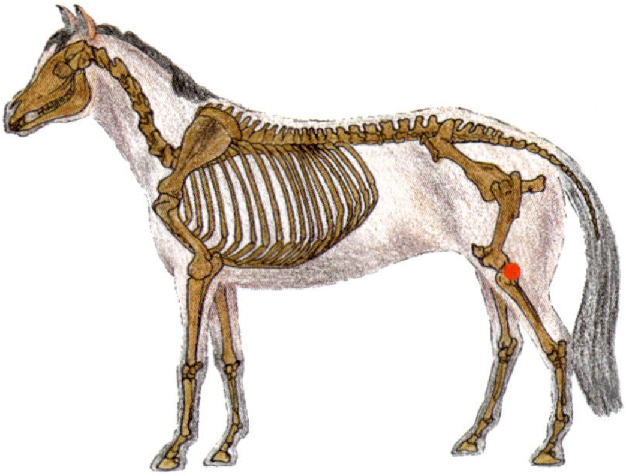

Wirkung:

- ◊ bringt alles in Harmonie
- ◊ hilft bei Durchfall
- ◊ unterstützt die Eierstöcke
- ◊ harmonisiert die gegenüberliegende Schulter
- ◊ harmonisiert den Muskeltonus (für alles, was mit den Muskeln zu tun hat), löst Muskelspannungen
- ◊ Geburtsvorbereitung: öffnet das Becken, macht es weich
- ◊ bei Ekzemen, für die Haut allgemein: SES 8 großflächig halten
- ◊ bei Zahn- und Zahnfleischproblemen: SES 8 und SES 16 zusammen halten (auf der gegenüberliegenden Seite des betroffenen Zahnes)

Sie können bei großen Tieren SES 8 großflächig halten, das heißt, Sie legen eine Hand auf die 8, die andere Hand direkt darunter, auf die sogenannte tiefe 8.

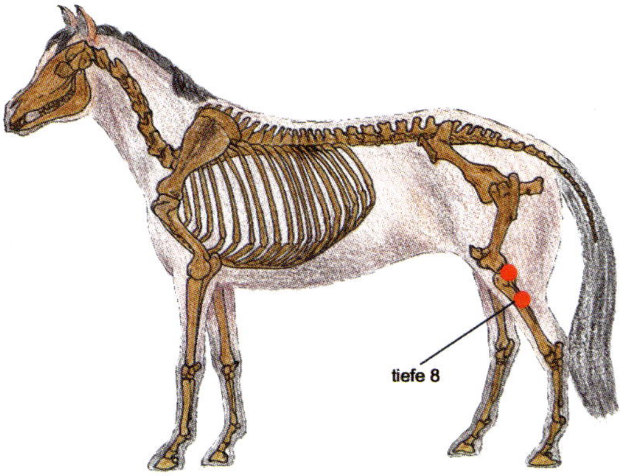

Bei kleineren Tieren können Sie entweder die 8 auf beiden Körperseiten halten

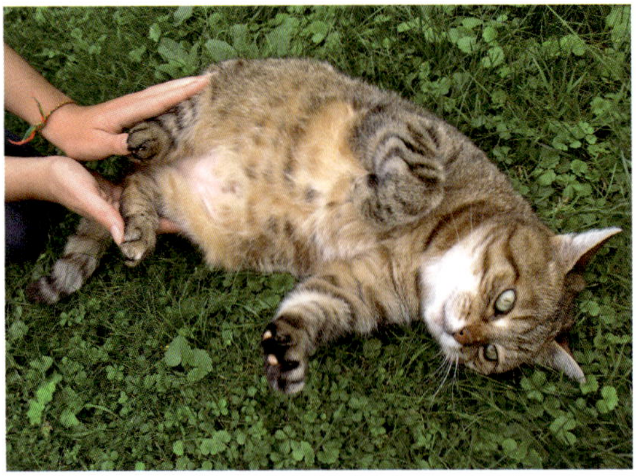

oder die 8 zusammen mit der 16.

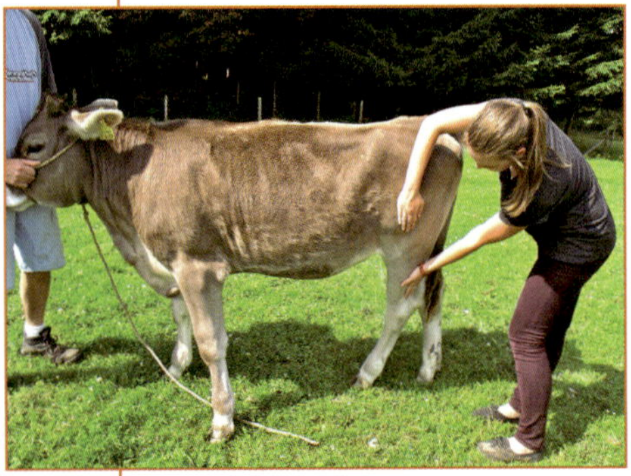

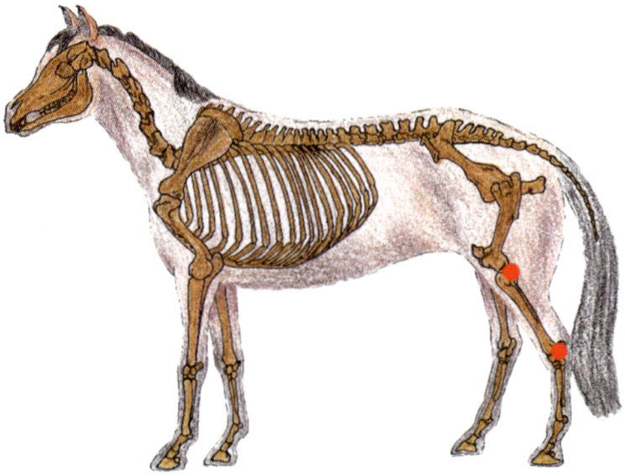

Sicherheitsenergieschloss 9

Bedeutung: Altes beenden, Neues beginnen, Verwandlung, tiefer Wandel

Lage: SES 9 befindet sich am oberen Rücken, zwischen unterem Ende des Schulterblattes und der Wirbelsäule.

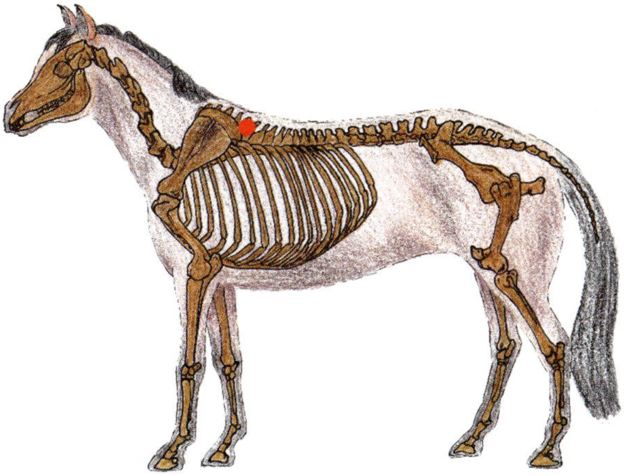

Wirkung:
- ◊ hilft, mit neuen Situationen umzugehen
- ◊ hilft bei Trauer
- ◊ stärkt Leber, Galle, Magen und Milz
- ◊ hilft den Nebenhöhlen
- ◊ stärkt bei Allergie, Asthma
- ◊ hilft bei allen Fußproblemen
- ◊ harmonisiert den Blutdruck

◊ bei Satteldruck: SES 9 zusammen mit SES 19

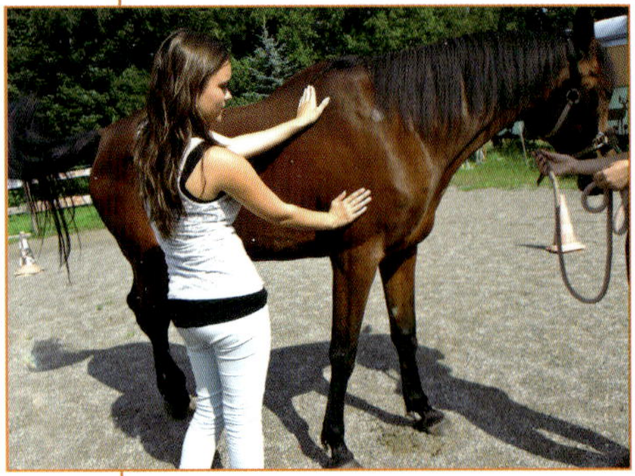

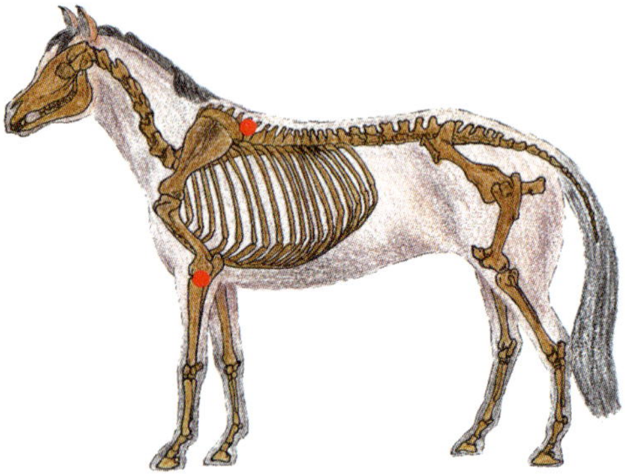

◊ für Beine, Sprunggelenk und Iliosacralgelenk: SES 9 mit SES 17

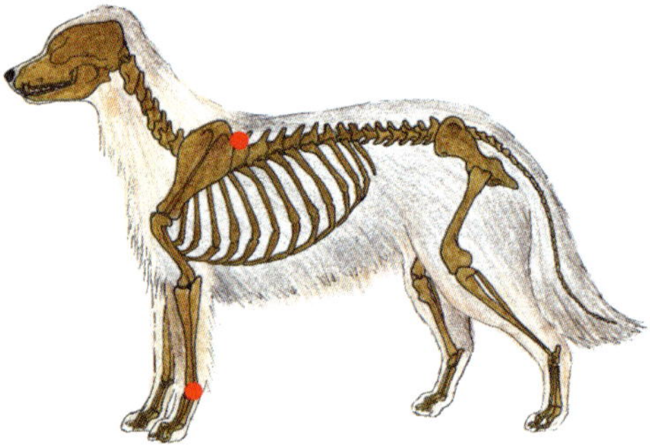

Um SES 9 zu öffnen, können Sie entweder beide SES 9 halten oder die 9 zusammen mit der 19 (siehe oben).

Sicherheitsenergieschloss 10

Bedeutung: Speicher der Fülle, Ausströmen grenzenloser Lebenskraft

Lage: SES 10 befindet sich am oberen Rücken, zwischen Mitte Schulterblatt und der Wirbelsäule.

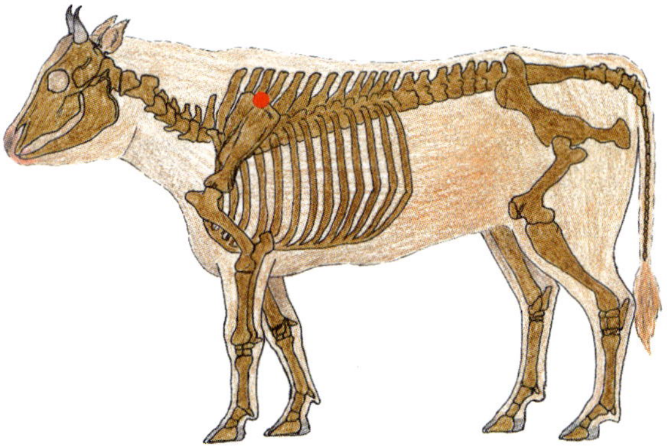

Wirkung:
- ◊ bringt Vitalität, Lebenskraft und Lebensfreude
- ◊ hilft Stimme und Kehlkopf
- ◊ hilft bei Polypen
- ◊ harmonisiert den Blutdruck
- ◊ stärkt Herz und Lunge, hilft der Atmung
- ◊ hilft Leber, Milz und Niere
- ◊ hilft bei Arterienverkalkung
- ◊ stärkt das Immunsytem
- ◊ hilft bei Kreislaufproblemen
- ◊ beruhigt die Nerven
- ◊ bei Satteldruck: SES 10 zusammen mit SES 13

Halten Sie SES 10 zusammen mit SES 13

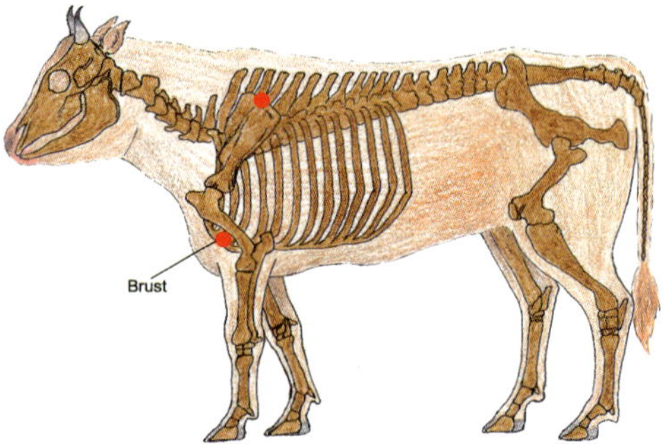

oder SES 10 und die hohe 19, ca. eine Pfote breit bzw. einen Huf breit oberhalb der 19.

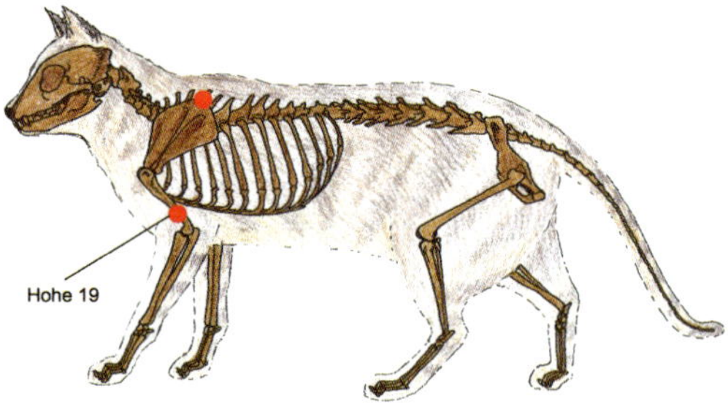

Sicherheitsenergieschloss 11

Bedeutung: Loslassen überflüssigen Gepäcks

Lage: SES 11 liegt neben dem ersten Brustwirbel, neben der Wirbelsäule.

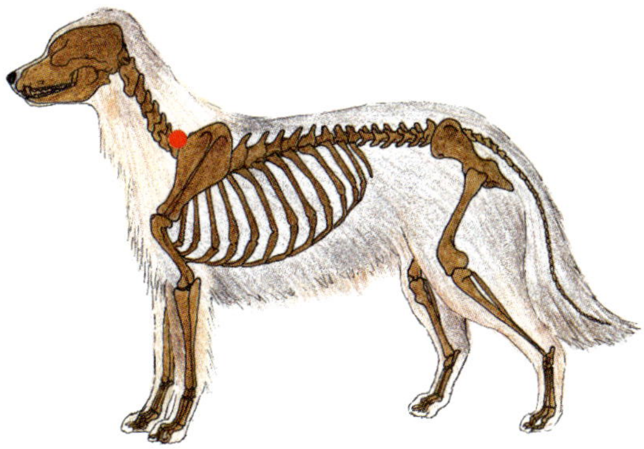

Wirkung:
- ◊ nimmt Ängste
- ◊ bei ängstlichen Pferden beim Ausritt SES 11 und SES 12 halten (Foto S. 61)
- ◊ unterstützt Loslassen auf allen Ebenen
- ◊ hilft bei Dickköpfigkeit
- ◊ befreit den Atem
- ◊ unterstützt die Schilddrüse
- ◊ harmonisiert Schultern, Nacken und Kopf
- ◊ stärkt Hüfte und Becken
- ◊ lindert Beinbeschwerden
- ◊ hilft bei Heimweh (11+12)

Um SES 11 zu öffnen, halten Sie SES 11 zusammen mit SES 15

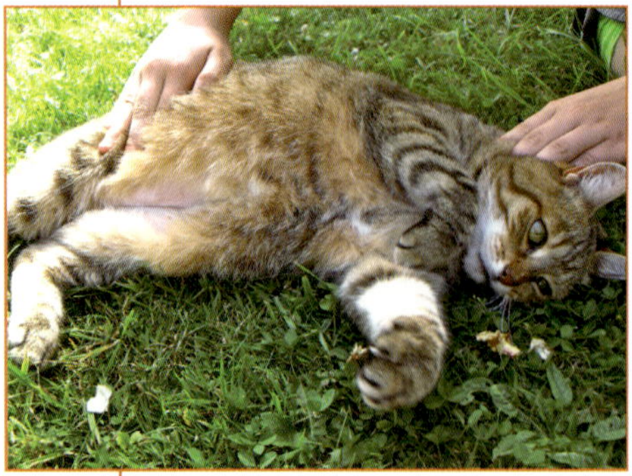

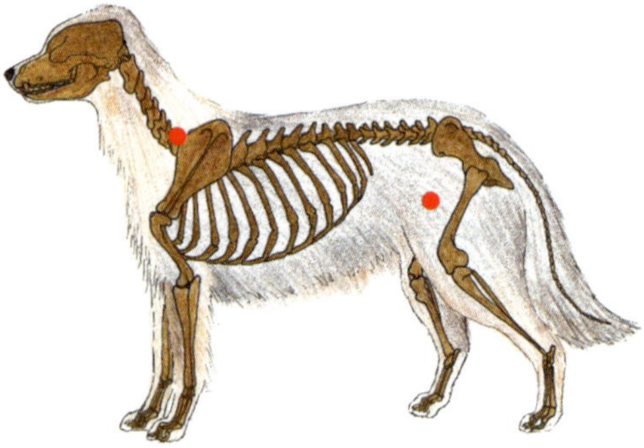

oder zusammen mit SES 25

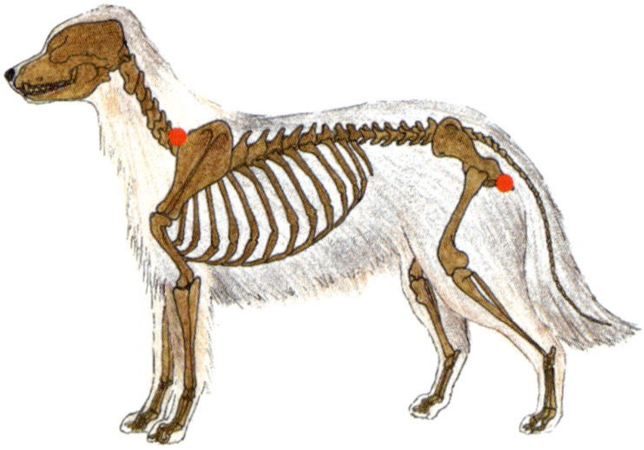

oder bei großen Tieren halten Sie SES 11 und SES 12.

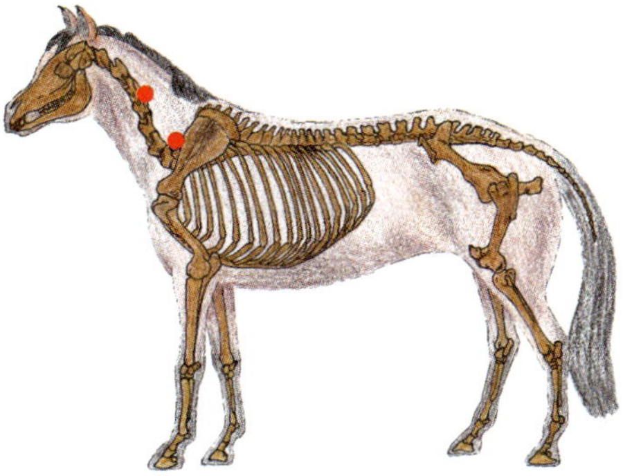

Sicherheitsenergieschloss 12

Bedeutung: „Dein Wille geschehe."

Lage: SES 12 liegt auf der Höhe des 4. Halswirbels, neben der Wirbelsäule (ungefähr in der Mitte des Halses).

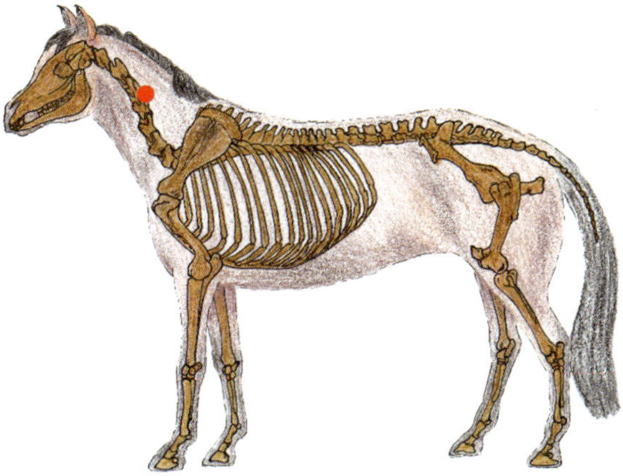

Wirkung:
- löst emotionale Spannungen
- stärkt das Vertrauen ins Leben
- hilft, wenn Tiere sehr stur sind
- hilft bei Depressionen
- löst Spannungen und Schmerzen im Nacken
- hilft bei Kopfschmerzen, Nervenschmerzen im Gesicht, Gesichtslähmungen
- stärkt Leber, Gallenblase und Blase

Strömen Sie SES 12 zusammen mit SES 11 (s.o.) oder zusammen mit SES 14.

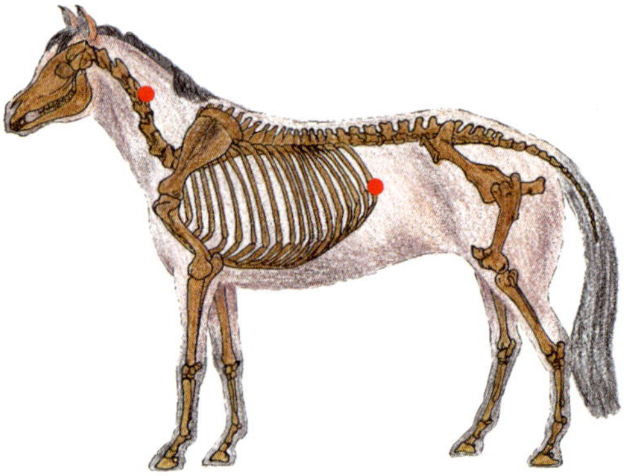

Sicherheitsenergieschloss 13

Bedeutung: Fruchtbarkeit, „Liebe deine Feinde."

Lage: SES 13 liegt am Brustkorb, etwas unterhalb der 3. Rippe.

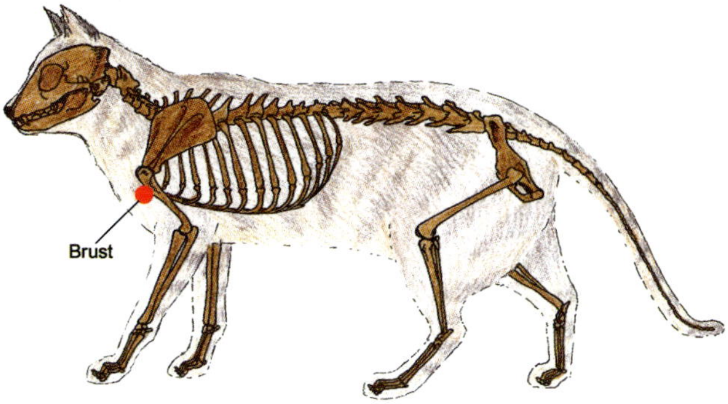

Wirkung:

- ◊ hilft dem Immunsystem
- ◊ ist wichtig während der Trächtigkeit und zur Geburtsvorbereitung
- ◊ stärkt die Fortpflanzungsorgane
- ◊ harmonisiert den Hormonhaushalt
- ◊ hilft bei Stimmungsschwankungen
- ◊ löst Spannung in Schultern und Nacken
- ◊ ist gut für den ganzen Brustraum
- ◊ hilft bei Ohrenentzündungen
- ◊ normalisiert den Appetit
- ◊ mindert Futtergier
- ◊ hilft der Ausscheidung
- ◊ hilft bei Wachstumsstörungen
- ◊ hilft bei Schuppenflechte
- ◊ wirkt harmonisierend bei Verhaltensstörungen
- ◊ hilft, wenn Welpen alles ankauen
- ◊ beruhigt: 13+Steißbein
- ◊ wirkt unterstützend bei Krebs und Autoimmunerkrankungen
- ◊ hilft bei allen lebensbedrohlichen Themen

Halten Sie entweder beide SES 13 oder legen Sie eine Hand auf SES 13, die andere Hand auf SES 19.

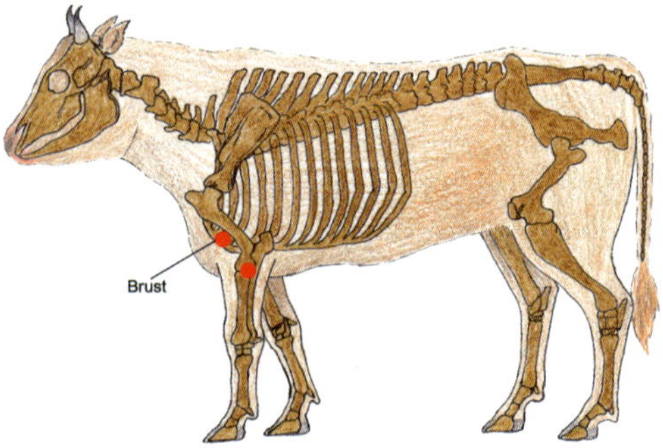

Sicherheitsenergieschloss 14

Bedeutung: Gleichgewicht, Nahrung

Lage: SES 14 liegt auf der Bauchseite unterhalb des letzten Rippenbogens.

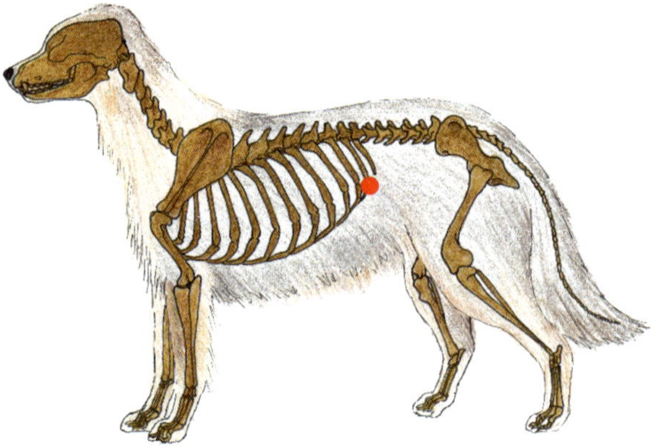

Wirkung:
- ◊ hilft dem inneren und äußeren Gleichgewicht
- ◊ hilft bei Eifersucht und Neid
- ◊ hilft bei Verdauungsbeschwerden
- ◊ hilft bei Magenschmerzen und Blähungen
- ◊ hilft bei Kolikanfälligkeit
- ◊ reguliert das Gewicht
- ◊ wirkt unterstützend bei Epilepsie
- ◊ hilft den Augen

Strömen Sie entweder beide SES 14 oder legen Sie eine Hand auf SES 14, die andere Hand auf die hohe 1, ca. eine Pfote breit bzw. einen Huf breit oberhalb von SES 1.

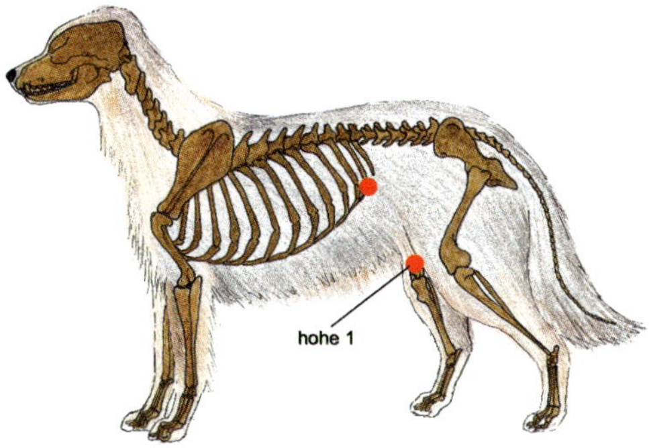

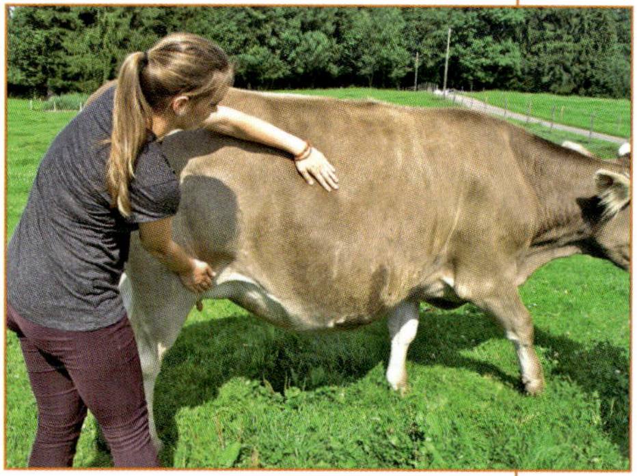

Sicherheitsenergieschloss 15

Bedeutung: „Wasche unsere Herzen mit Lachen."

Lage: SES 15 liegt in der Mitte der Leistenbeuge.

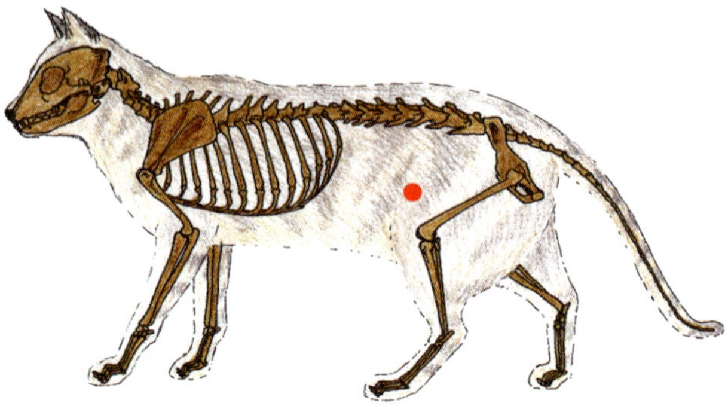

Wirkung:
- ◊ bringt Freude ins Leben
- ◊ **wichtig vor und nach Operationen und Narkosen**
- ◊ hilft der Hüfte und der Lendenwirbelsäule (SES 15 + SES 2)
- ◊ hilft bei Rückenschmerzen
- ◊ hilft bei Zerrungen und Knochenbrüchen
- ◊ hilft bei Venenleiden und Krampfadern
- ◊ löst Stress
- ◊ hilft bei körperlicher Überanstrengung

Sie können SES 15 gut mit SES 3 strömen,

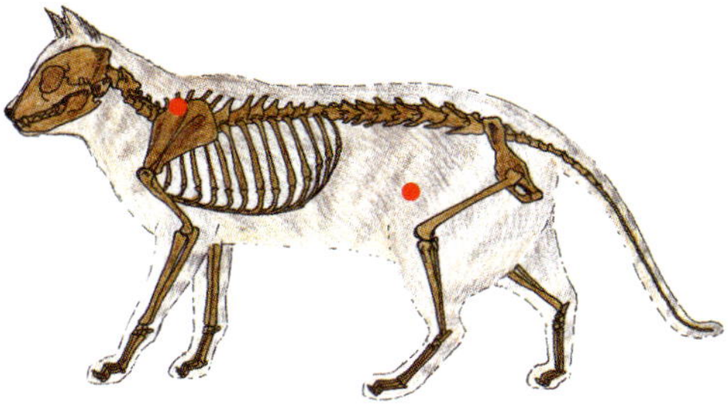

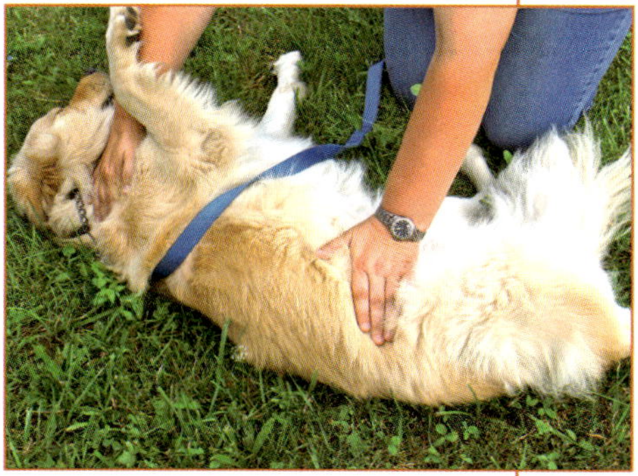

bei großen Tieren strömen Sie SES 15 mit SES 24.

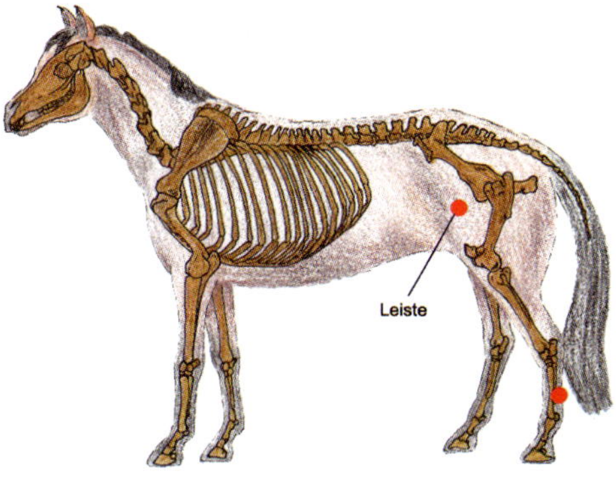

Sicherheitsenergieschloss 16

Bedeutung: Grundlage aller Aktivitäten, Umwandlung

Lage: SES 16 befindet sich an der Außenseite des Sprunggelenkes.

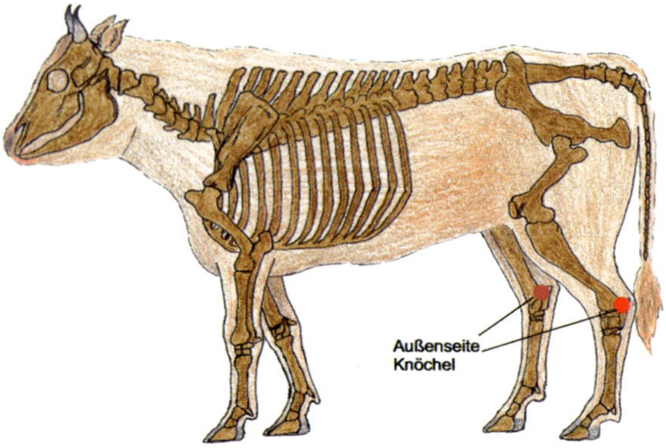

Wirkung:

◊ löst Ängste
◊ hilft bei Lähmungen, Verfestigungen, bringt in Bewegung
◊ bricht altes, verhärtetes Gewebe auf; hilft bei Narben: eine Hand auf Narbe, andere Hand auf SES 16
◊ löst hartes Muskelgewebe
◊ trägt zu einer Verbesserung des Muskeltonus bei
◊ löst Muskelkrämpfe
◊ stärkt das Bindegewebe
◊ hilft, wenn Pferde oft umknicken
◊ harmonisiert die Fortpflanzungsenergie
◊ hilft bei allem, was mit Zähnen und Kiefer zu tun hat

Strömen Sie SES 16 zusammen mit SES 8.

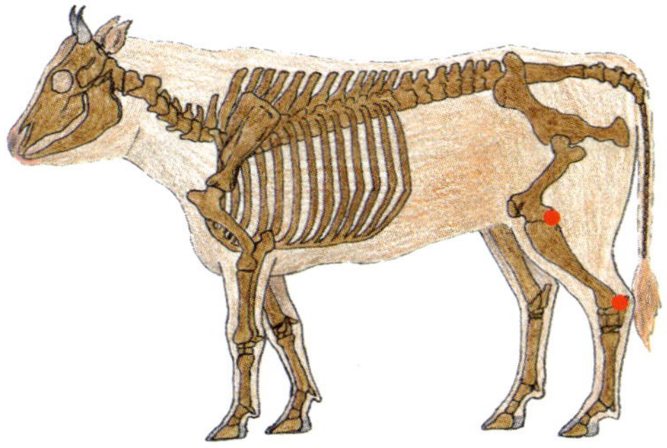

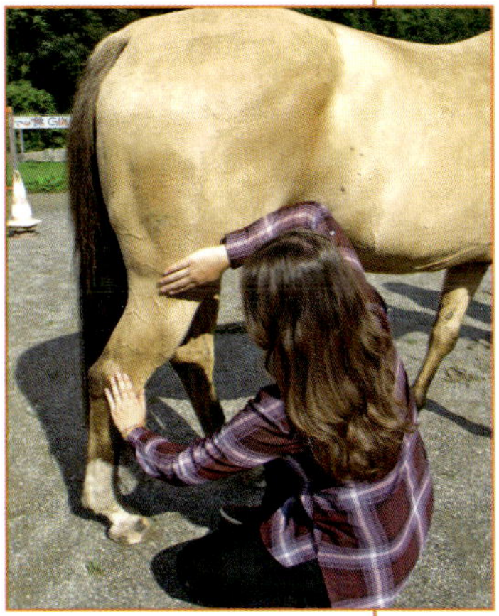

Sicherheitsenergieschloss 17

Bedeutung: Entspannung von Verstand und Nerven, Fortpflanzungsenergie

Lage: SES 17 befindet sich außen am Vorderfußwurzelgelenk.

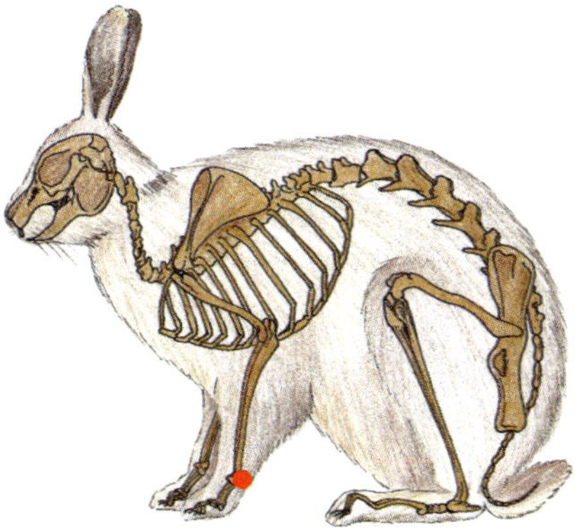

Wirkung:

- harmonisiert das Nervensystem, hilft bei Nervosität und Zittern
- beruhigt
- gibt dem Körper bei Erschöpfung einen Energieschub
- harmonisiert die Fortpflanzungsenergie
- hilft dem Kreislauf
- unterstützt das Herz
- lindert Blähungen
- hilft bei Darmerkrankungen
- hilft bei Verstopfung
- hilft bei Ohnmacht

- **SES 17 + SES 9: für Beine, Sprunggelenk und Iliosacralgelenk**

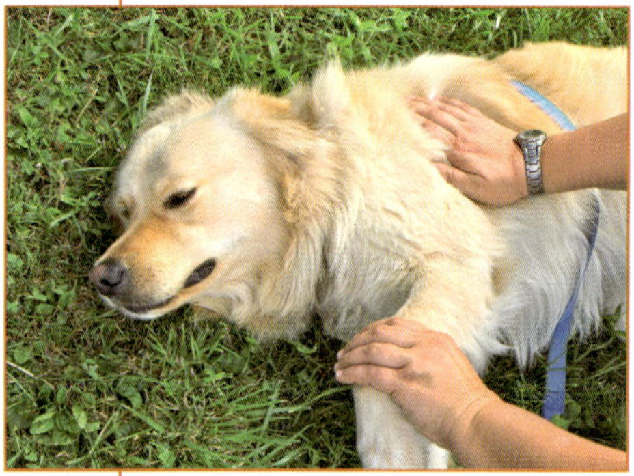

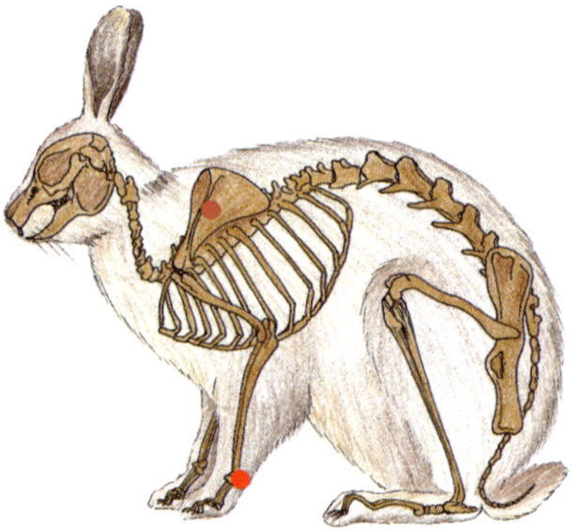

Um SES 17 zu öffnen, können Sie entweder beide SES 17 halten oder die 17 mit der 18 zusammen.

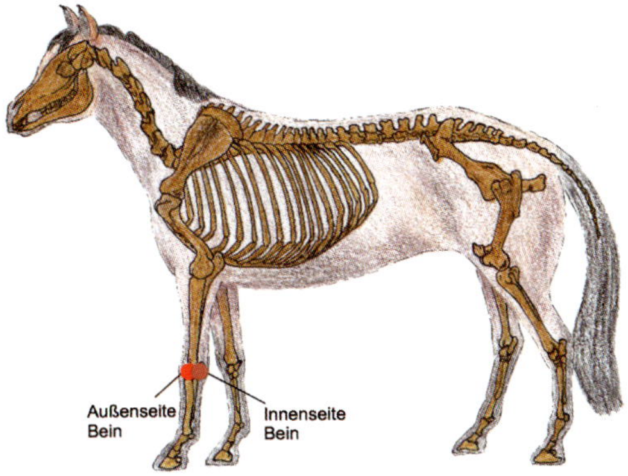

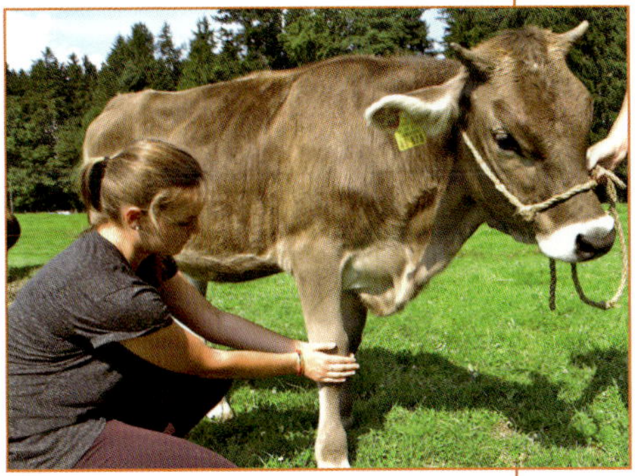

Sicherheitsenergieschloss 18

Bedeutung: Körperbewusstsein und Persönlichkeit

Lage: SES 18 befindet sich innen am Vorderfußwurzelgelenk.

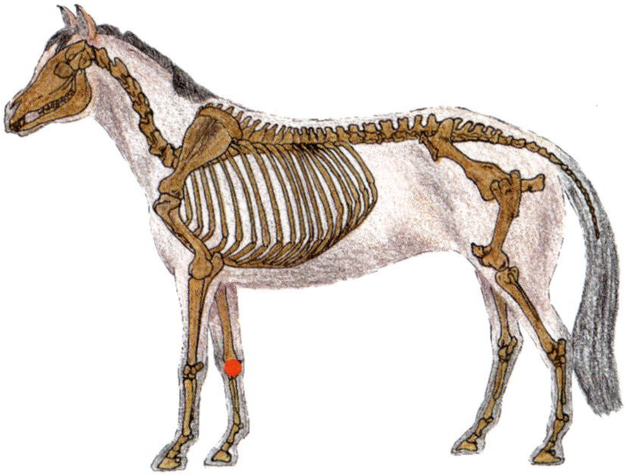

Wirkung:
- ◊ nimmt die Ungeduld
- ◊ harmonisiert Brustraum und Hinterkopf
- ◊ hilft bei Schlafstörungen
- ◊ hilft Hinter- und Vorderbeinen
- ◊ hilft bei Reiseübelkeit
- ◊ hilft bei Knochenverformungen
- ◊ unterstützt die Atmung

Strömen Sie SES 18 zusammen mit SES 17 (Foto siehe S. 71).

Sicherheitsenergieschloss 19

Bedeutung: Gleichgewicht, Vollkommenheit, Autorität und Führung

Lage: SES 19 befindet sich in der Ellbeuge.

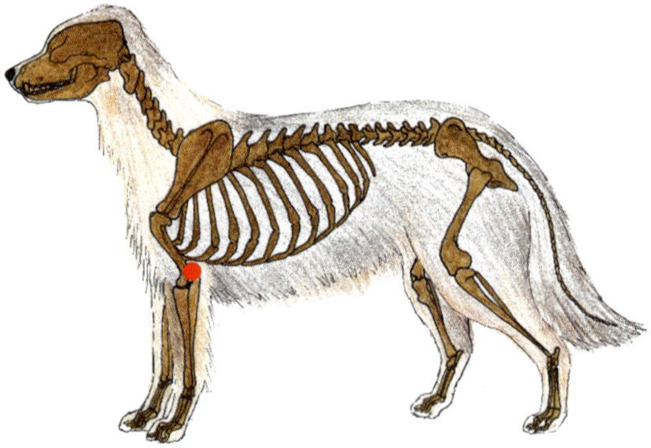

Wirkung:
- ◊ bringt inneres und äußeres Gleichgewicht
- ◊ hilft den Knien
- ◊ löst Stresse im Brustkorb
- ◊ hilft gegen Parasiten
- ◊ stärkt das Selbstbewusstsein
- ◊ hilft bei Futterneid (hohe 19)

- stärkt und beruhigt, wenn Pferde oder Kühe im Stall stehen
- wirkt belebend und energetisierend
- hilft bei Juckreiz und Reizhusten

Um SES 19 zu öffnen, halten Sie entweder beide SES 19, oder halten Sie die hohe 19 und die hohe gegenüberliegende 1.

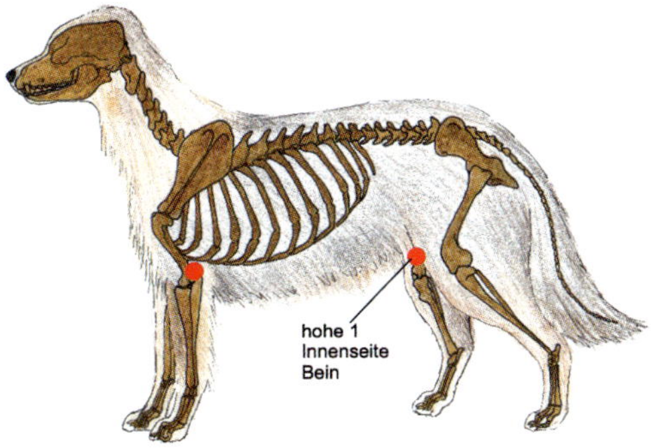

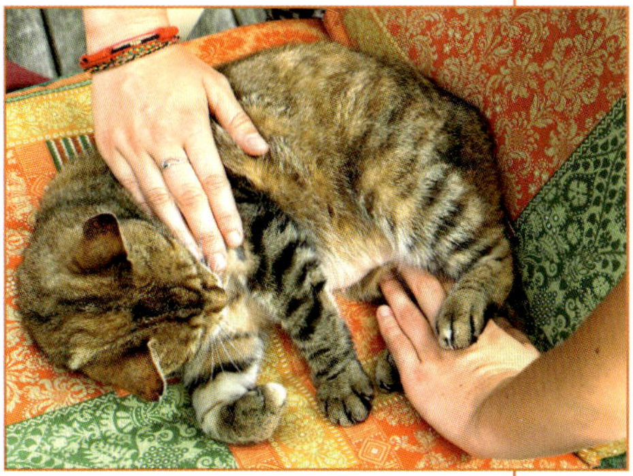

Sicherheitsenergieschloss 20

Bedeutung: Ewigkeit, Verbindung zur universellen Quelle

Lage: SES 20 liegt auf der Stirn links und rechts oberhalb der Augen.

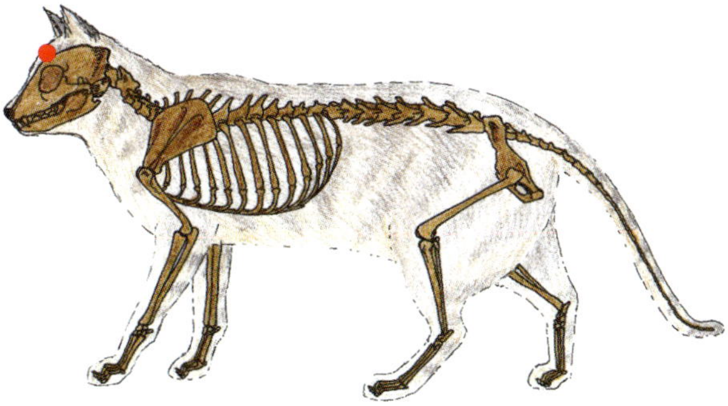

Wirkung:
- hilft den Augen (zusammen mit der gegenüberliegenden 4)
- hilft bei Stress
- gibt neue Kraft
- hilft bei großem Ungleichgewicht
- stärkt den Gleichgewichtssinn, hilft bei Schwindel
- harmonisiert Ohren und Augen
- hilft bei Husten und Schleimbildung, bei Erkältung
- hilft bei Kopfschmerzen

Halten Sie beide SES 20 gleichzeitig, oder halten Sie SES 20 auf der betroffenen Körperseite und das gegenüberliegende SES 4.

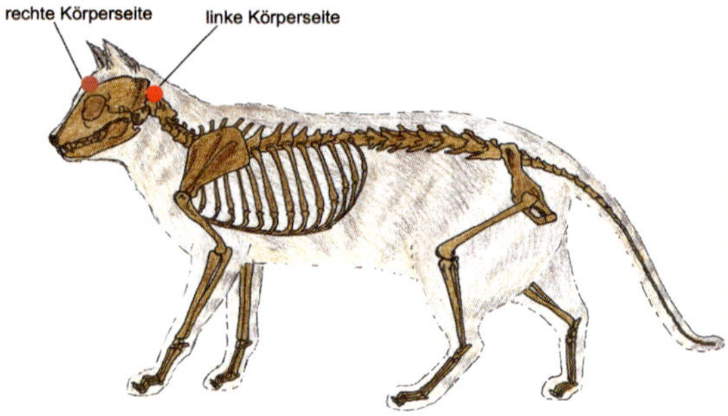

Sicherheitsenergieschloss 21

Bedeutung: Tiefe Sicherheit, Vertrauen ins Leben

Lage: SES 21 liegt am unteren Rand des Jochbeinknochens, etwas oberhalb der Nase.

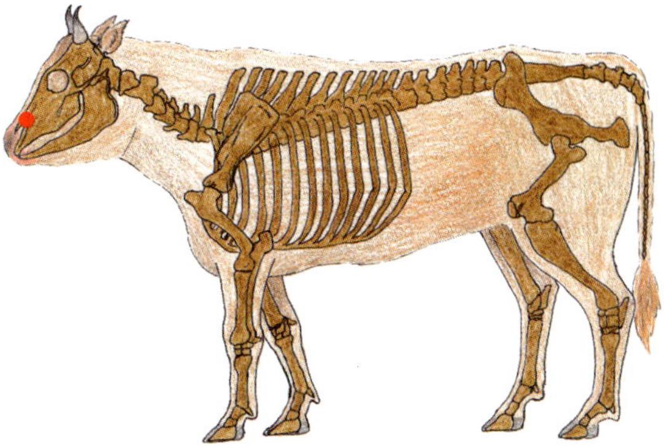

Wirkung:

- ◊ gibt Vertrauen ins Leben
- ◊ gibt Energie und macht wach
- ◊ reguliert das Gewicht
- ◊ hilft bei Erkältungen, verstopfter Nase
- ◊ hilft bei neuralgischen Schmerzen
- ◊ befreit Tiere von Zwängen
- ◊ hilft bei Schwindel und Gleichgewichtsstörungen
- ◊ hilft Turnierpferden für Aufbau und bei starker Beanspruchung
- ◊ hilft bei Antriebslosigkeit

Sie können SES 21 zusammen mit SES 22 halten

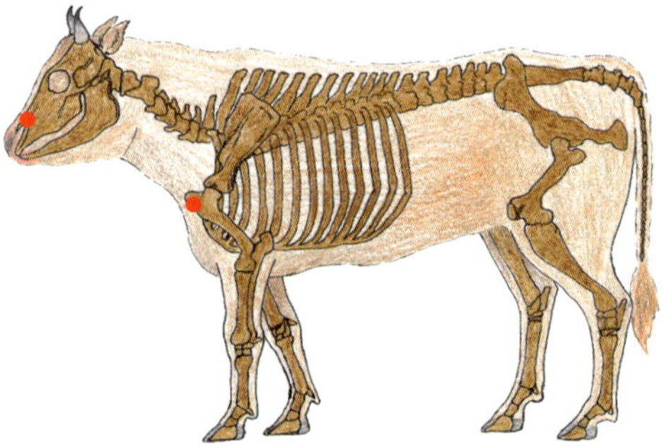

oder mit dem gegenüberliegenden SES 4.

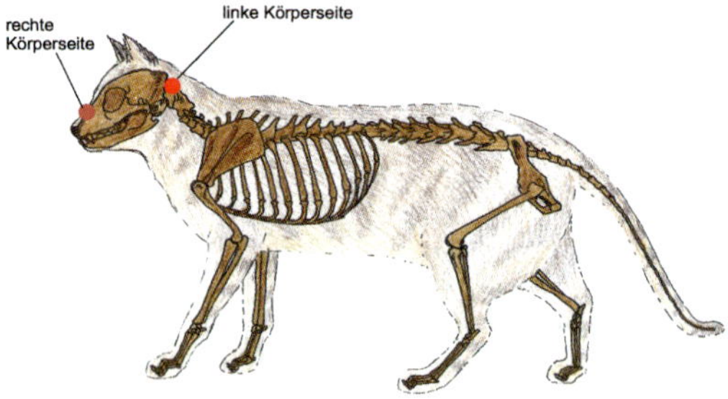

Sicherheitsenergieschloss 22

Bedeutung: Vollständigkeit, Anpassung im positiven Sinn

Lage: SES 22 liegt unter den Schlüsselbeinen.

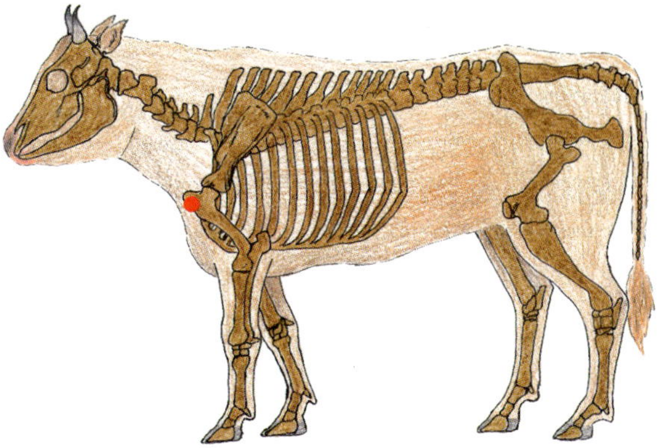

Wirkung:

◊ hilft dem Tier, sich an Gegebenheiten anzupassen (z.B. neues Zuhause, Wetter...)
◊ bringt Flexibilität
◊ nimmt Lebensangst (z.B. nach Misshandlungen)
◊ hilft der Schilddrüse und der Nebenschilddrüse
◊ unterstützt Nebenniere und Leber
◊ entgiftet Medikamente
◊ unterstützt den Lymphfluss
◊ hilft bei Verdauungsproblemen
◊ hilft bei Übergängen
◊ harmonisiert Überaktivität

Halten Sie beide SES 22 gleichzeitig. Bei großen Tieren können Sie auch die 22 zusammen mit der 21 oder 20 halten.

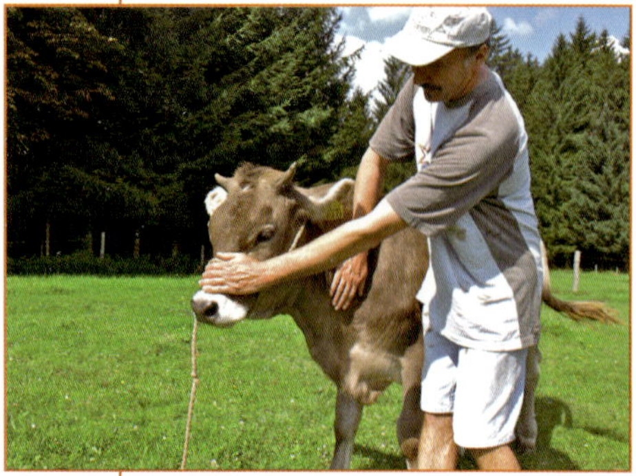

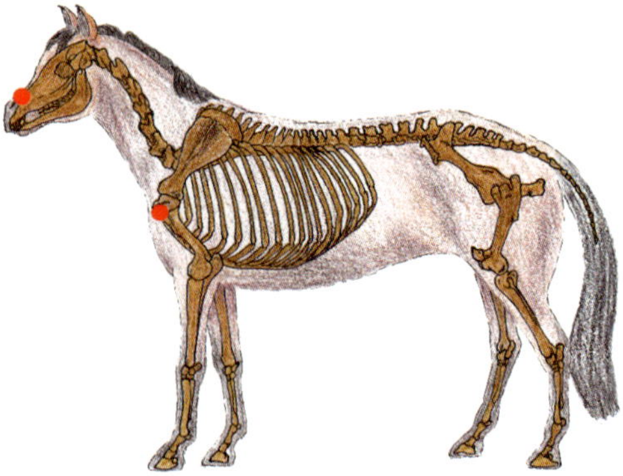

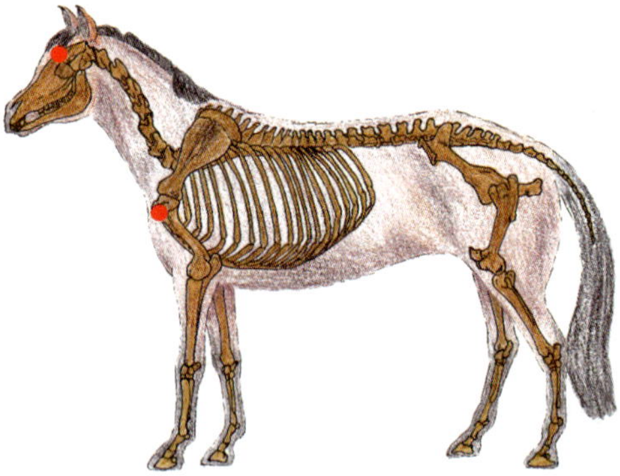

Sicherheitsenergieschloss 23

Bedeutung: Aufrechterhalten des einwandfreien Kreislaufs

Lage: SES 23 liegt am Rücken an der Wirbelsäule auf der Höhe der letzten Rippe.

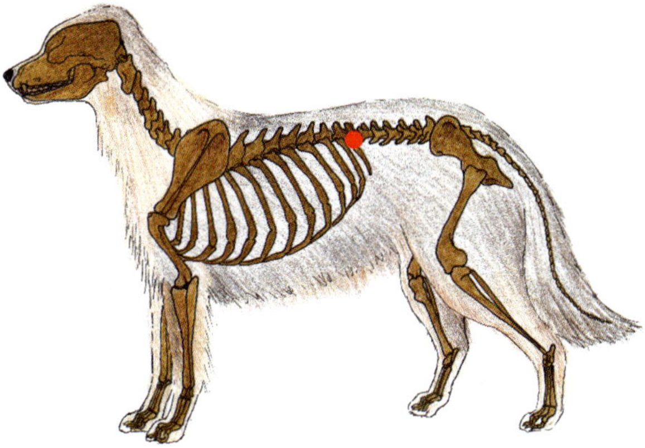

Wirkung:
- ◊ löst Ängste
- ◊ bringt Vertrauen
- ◊ baut Stress ab
- ◊ hilft bei Tumoren und Ansammlungen
- ◊ verbessert Kreislauf- und Nebennierenfunktion
- ◊ bringt Geduld
- ◊ harmonisiert die Lymphe
- ◊ lindert Schmerzen
- ◊ entspannt die Muskeln
- ◊ lindert Temperamentsausbrüche
- ◊ entgiftet den Körper
- ◊ hilft bei rheumatischen Erkrankungen

Halten Sie beide SES 23 oder legen Sie eine Hand auf SES 23 und die andere Hand auf SES 14.

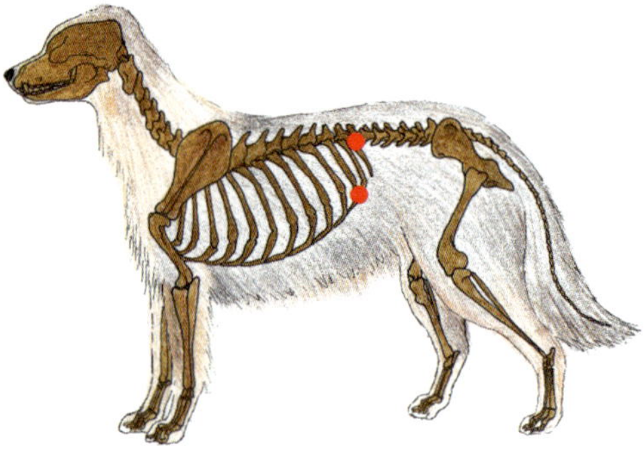

Sicherheitsenergieschloss 24

Bedeutung: Friedensstifter, Verständnis, Chaos harmonisieren

Lage: SES 24 befindet sich an der Außenseite des Beines am Hintermittelfußknochen.

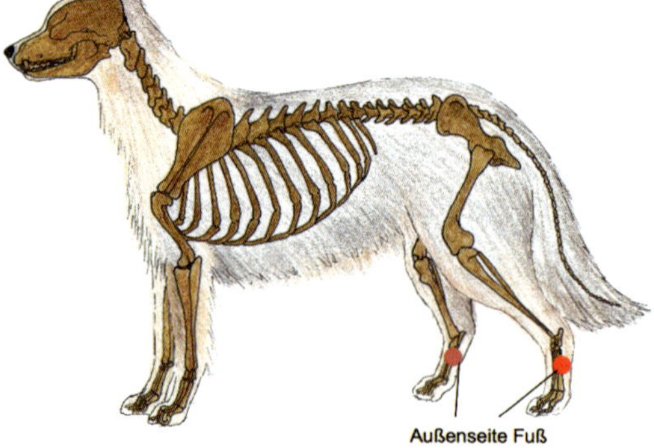

Wirkung:

- ◊ löst Verwirrung und Chaos
- ◊ harmonisiert Sturheit und Eifersucht
- ◊ unterstützt die Gallenblasenfunktion
- ◊ hilft bei Erschöpfung und Zittrigkeit
- ◊ hilft bei Kopfschmerzen

Sie können beide SES 24 halten oder SES 24 zusammen mit SES 26

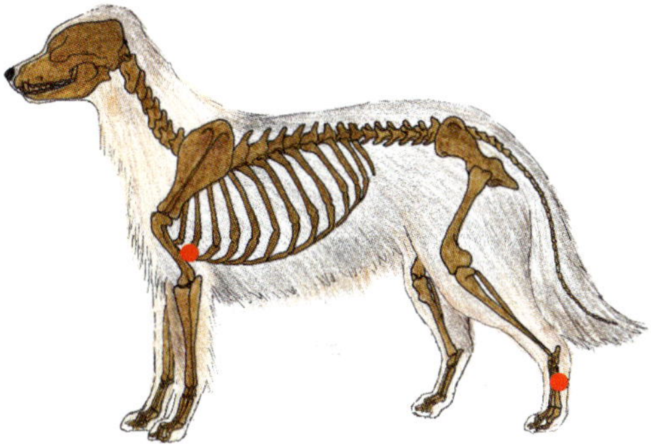

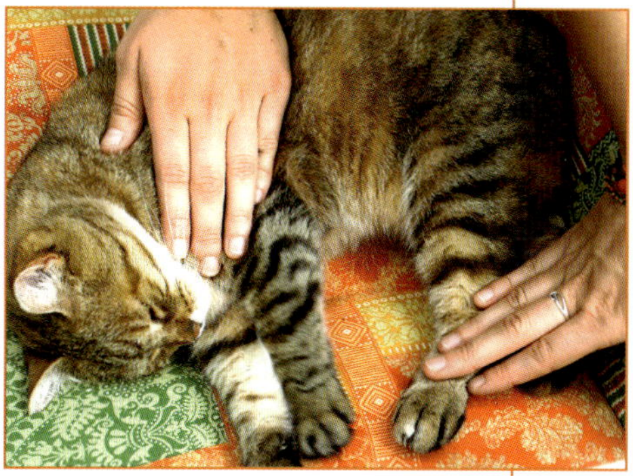

oder bei großen Tieren zusammen mit SES 7.

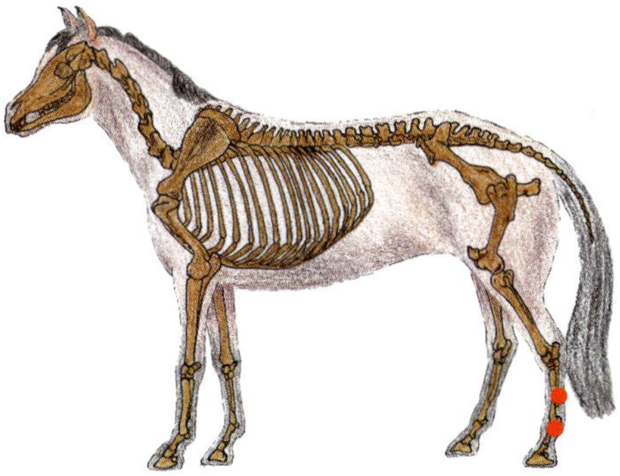

Sicherheitsenergieschloss 25

Bedeutung: Stilles Erneuern

Lage: SES 25 befindet sich an den Sitzbeinhöckern.

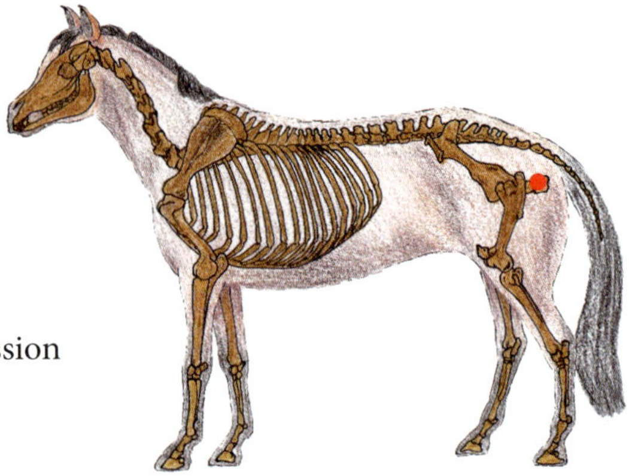

Wirkung:
- ◊ harmonisiert Wut und Aggression
- ◊ stärkt die Konzentration
- ◊ stärkt das Bindegewebe
- ◊ unterstützt Niere und Blase
- ◊ belebt alle Kreisläufe und das ganze Wesen
- ◊ regt den Stoffwechsel an

Halten Sie beide SES 25 oder legen Sie eine Hand auf SES 25, die andere Hand auf SES 11.

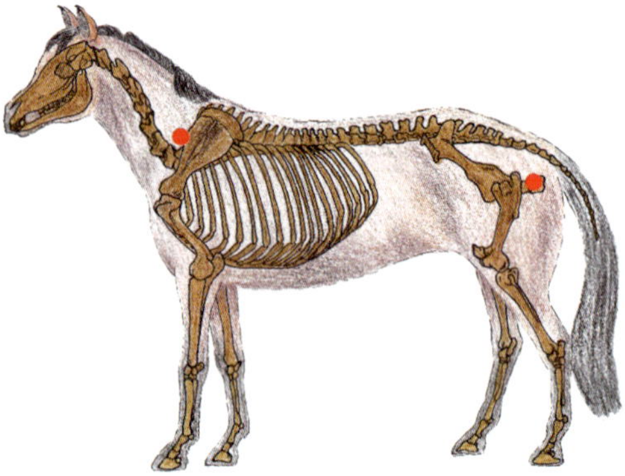

Sicherheitsenergieschloss 26

Bedeutung: Vollständigkeit, absolute Harmonie

Lage: SES 26 befindet sich in der Achselhöhle direkt an den Rippen.

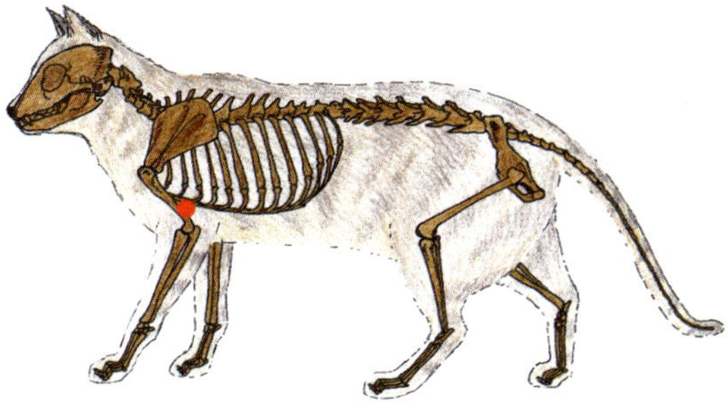

Wirkung:
- bringt Geborgenheit und tiefe Sicherheit
- ist wichtig für das Lymphsystem und den Lymphfluss
- hilft bei Zysten, Myomen, Fettgeschwulsten und anderen Ansammlungen
- bringt dem ganzen Wesen vitale Lebenskraft
- hilft den Vorderbeinen
- hilft bei Satteldruck
- löst Knötchen in Muskeln

Halten Sie SES 26 zusammen mit SES 24

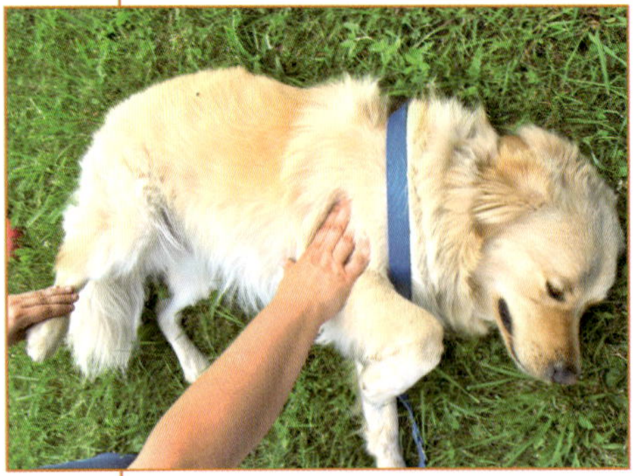

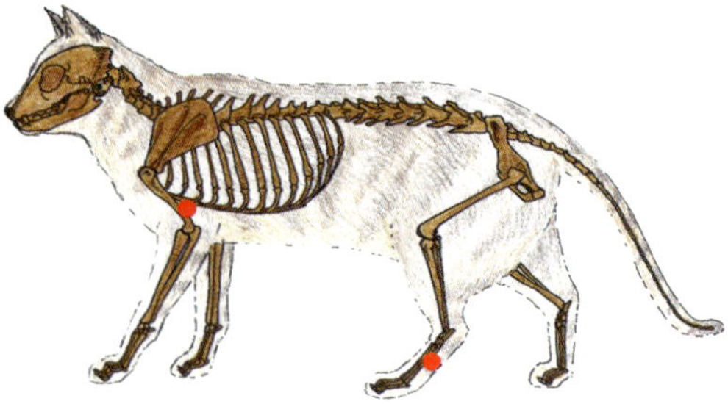

oder zusammen mit SES 15.

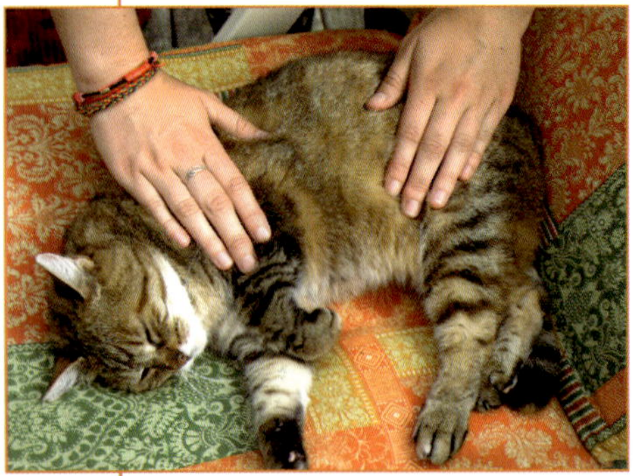

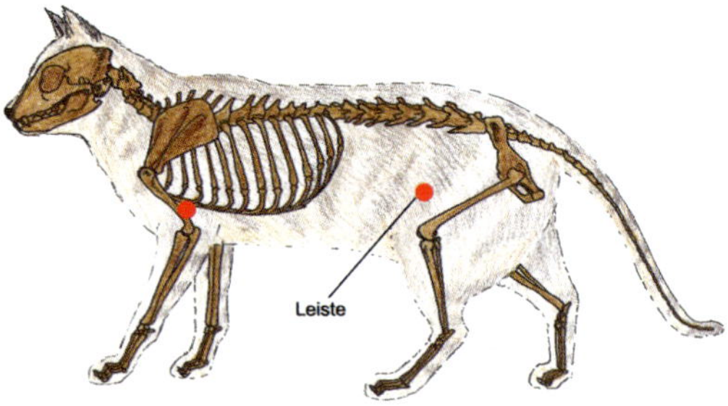

3 wichtige Ströme

Im Folgenden habe ich drei wichtige Organströme beschrieben: den Milzstrom, den Magenstrom und den Blasenstrom.

Beim Jin Shin Jyutsu geht es, wenn man von Organstrom spricht, nicht nur um das Organ selbst, sondern um die Energiequalität, die mit diesem Organ verbunden ist, also die zugehörigen emotionalen und über das Organ hinausgehenden körperlichen Entsprechungen.

Sie können die Körperseite strömen, die besonders bedürftig ist, z.B. die, auf der das Symptom auftritt oder stärker ist, oder Sie strömen nacheinander beide Körperseiten.

Der Milzstrom

- **erneuert den ganzen Körper und versorgt alle Organe mit Energie!**
- ist auch ein guten Strom, wenn man nicht weiß, was man strömen kann, oder zweifelt.
- **ist ein wichtiger Strom für alle Lebewesen, die viel Leid hinter sich haben!**
- heilt **Traumata**
- löst tiefe **Ängste**
- bringt Urvertrauen
- bringt die Emotionen ins Gleichgewicht
- löst Stresse
- **stärkt das Immunsystem**
- wirkt verjüngend
- hilft bei Überempfindlichkeit, Schreckhaftigkeit
- hilft der Haut
- unterstützt die Blutbildung
- harmonisiert Allergien
- unterstützt die Milz
- stärkt das Bindegewebe
- wirkt unterstützend bei Tumoren

Den Milzstrom ins Gleichgewicht bringen:
Bei größeren Tieren, wie große Hunde, Pferde, Kühe:
Linker Strom – stehen Sie zuerst auf der linken Seite des Tieres:

1. SCHRITT:

Legen Sie die *linke Hand* an das **linke SES 5 (Innenseite des Hinterbeines am Sprunggelenk)** und die *rechte Hand* ans **Steißbein (unteres Ende Wirbelsäule)**.

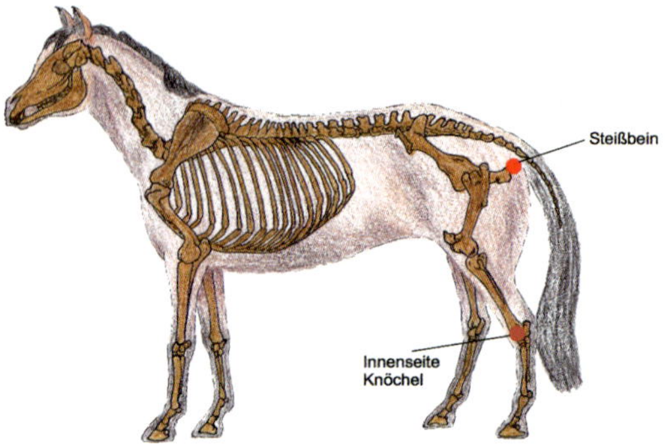

2. SCHRITT:

Gehen Sie um das Tier herum, so dass Sie an seiner rechten Seite stehen.
Legen Sie die *linke Hand* ans **Steißbein** und die *rechte Hand* an das **rechte SES 14 (auf die rechte Körperseite in die Mitte unterhalb des letzten Rippenbogens)**.

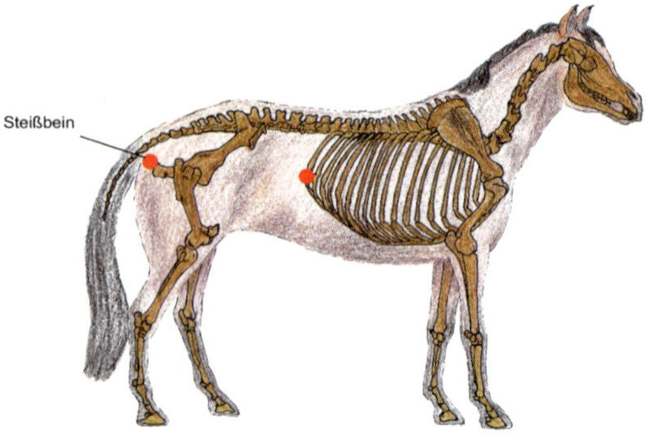

3. SCHRITT:

Legen Sie die *linke Hand* auf die **rechte 14**, die *rechte Hand* geht auf die **linke 13 (auf die linke Seite des Brustkorbs, etwas unterhalb der 3. Rippe)**.

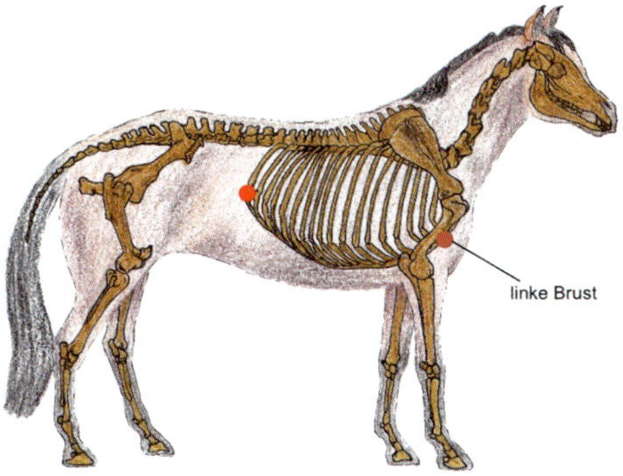

4. SCHRITT:

Die *linke Hand* bleibt auf der **rechten 14**, während die *rechte Hand* auf das **rechte SES 22 geht (unter das rechte Schlüsselbein)**.

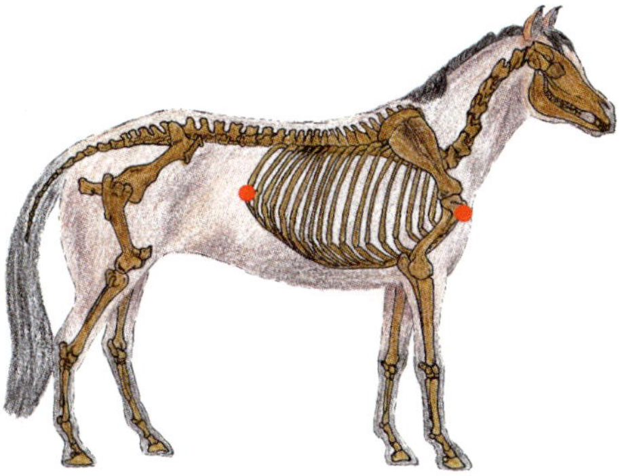

Für die rechte Körperseite machen Sie die Griffe umgekehrt:

1. Stehen Sie rechts: Legen Sie die *rechte Hand* an das **rechte SES 5** und die *linke Hand* ans **Steißbein**.
2. Stehen Sie links: Legen Sie die *rechte Hand* ans **Steißbein** und die *linke Hand* an die **linke 14**.
3. Legen Sie die *rechte Hand* an die **linke 14** und die *linke Hand* an die **rechte 13**.
4. Die *rechte Hand* bleibt auf der **linken 14** und die *linke Hand* geht an die **linke 22**.

Bei kleineren Tieren, wie kleinere Hunde, Katzen, Hasen, Meerschweinchen: Linker Strom: setzen Sie sich auf die rechte Seite des Tieres.

1. SCHRITT:

Legen Sie die *linke Hand* an das **linke SES 5 (Innenseite des Hinterbeines am Sprunggelenk)** und die *rechte Hand* ans **Steißbein** (unteres Ende Wirbelsäule).

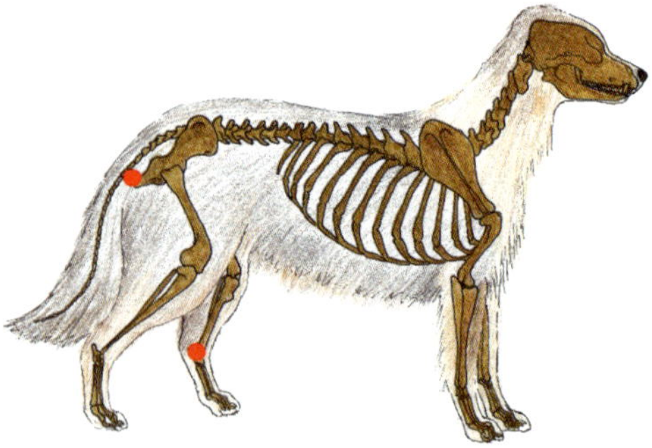

2. SCHRITT:

Die *rechte Hand* bleibt am **Steißbein**, die *linke Hand* geht an das **rechte SES 14 (auf die rechte Körperseite in die Mitte unterhalb des letzten Rippenbogens)**.

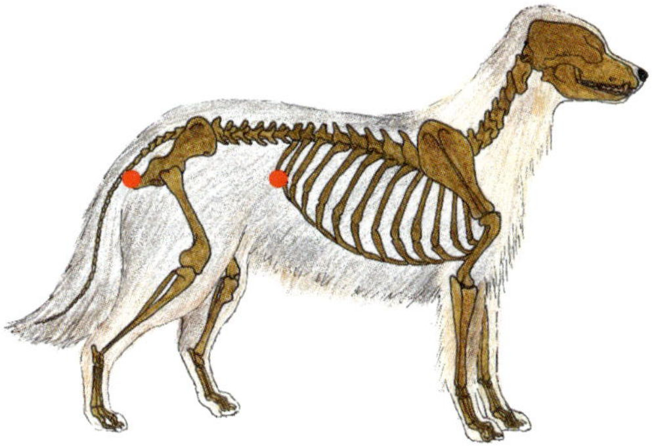

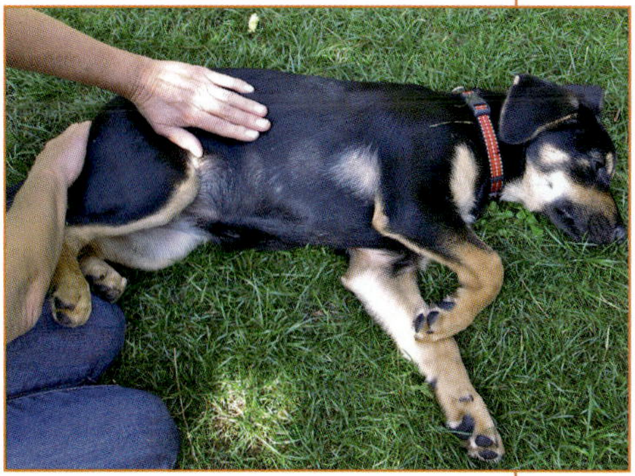

3. SCHRITT:

Die *linke Hand* bleibt auf dem **rechten SES 14**, die *rechte Hand* geht auf das **linke SES 13 (auf die linke Seite des Brustkorbs, etwas unterhalb der 3. Rippe)**.

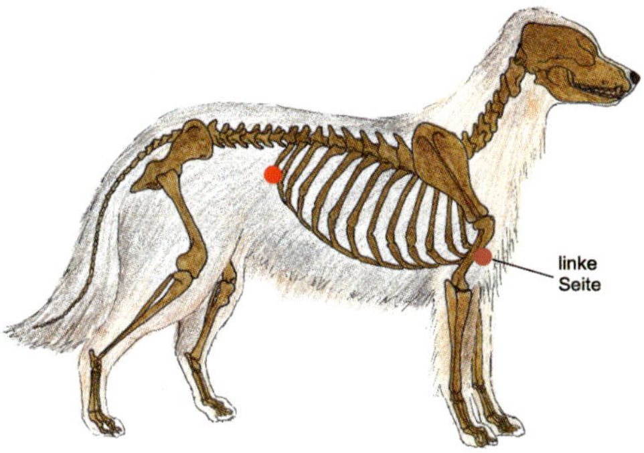

4. SCHRITT:
Die *linke Hand* bleibt weiterhin auf dem **rechten SES 14**, während die *rechte Hand* auf das **rechte SES 22 geht (unter das rechte Schlüsselbein)**.

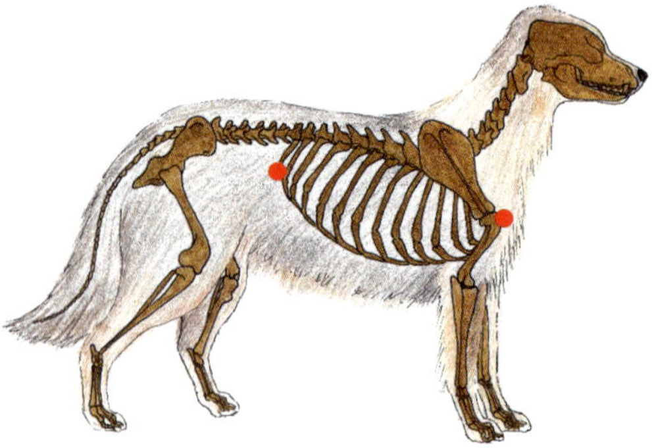

Für die rechte Körperseite machen Sie die Griffe umgekehrt:

1. Sitzen Sie links: Legen Sie die *rechte Hand* an das **rechte SES 5** und die *linke Hand* ans **Steißbein**.
2. Die *linke Hand* bleibt am **Steißbein** und die *rechte Hand* an die **linke 14**.
3. Die *rechte Hand* bleibt auf der **linken 14**, während die *linke Hand* an die **rechte 13** geht.
4. Die *rechte Hand* bleibt weiterhin auf der **linken 14** und die *linke Hand* geht an die **linke 22**.

Kurzgriff für den Milzstrom: 1. Schritt des Milzstromes!!!

Der Magenstrom

Lassen Sie sich nicht schrecken von der Länge des Stromes. Es ist ein sehr kraftvoller Strom, der von Kopf bis Fuß klärt und harmonisiert. Er fließt an der Vorderseite des Körpers vom Kopf bis in die Füße. Er hält die Mitte offen, so dass die Energie frei hinunter- und wieder hinauffließen kann.

Der Magenstrom

- ◊ **hilft, alles zu verdauen – körperlich und emotional!**
- ◊ **ist der große Hautspezialist**
- ◊ hilft bei Allergien
- ◊ hilft bei Verdauungsproblemen
- ◊ hilft bei Bauchschmerzen und Koliken
- ◊ ist wichtig für alles, was mit dem Kopf zu tun hat: Nase, Nebenhöhlen, Ohren, Kiefer, Zähne, Zahnfleisch
- ◊ harmonisiert Durchfall, Verstopfung und Blähungen
- ◊ hilft, Gewicht und Appetit ins Gleichgewicht zu bringen
- ◊ löst Sorgen und Ängste
- ◊ hilft bei Nervosität und „Ticks“
- ◊ unterstützt den Hormonhaushalt
- ◊ reguliert den Muskeltonus

Den Magenstrom ins Gleichgewicht bringen:
Bei größeren Tieren, wie große Hunde, Pferde, Kühe:
Linker Strom – stehen Sie zuerst auf der linken Seite des Tieres:

1. SCHRITT:

Legen Sie die *linke Hand* auf das **linke SES 21 (am unteren Rand des Jochbeinknochens, etwas oberhalb der Nase)** oder alternativ, wenn die 21 schwer zu erreichen ist oder das Tier eher unruhig ist, können Sie das **linke SES 12 (seitlich am Hals in der Mitte der Halswirbelsäule)** halten. Die *rechte Hand* geht an das **linke SES 22 (unter das linke Schlüsselbein)**.

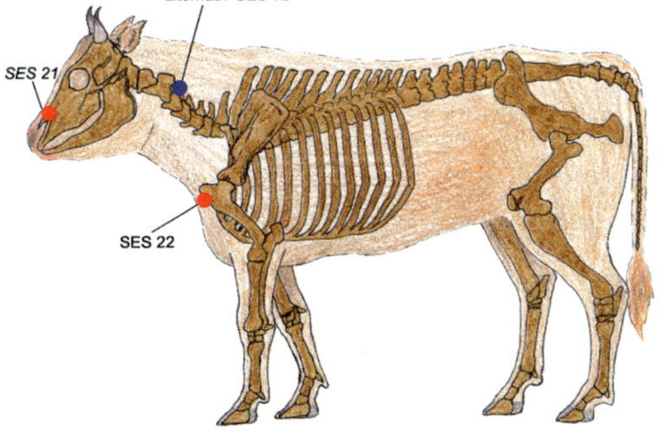

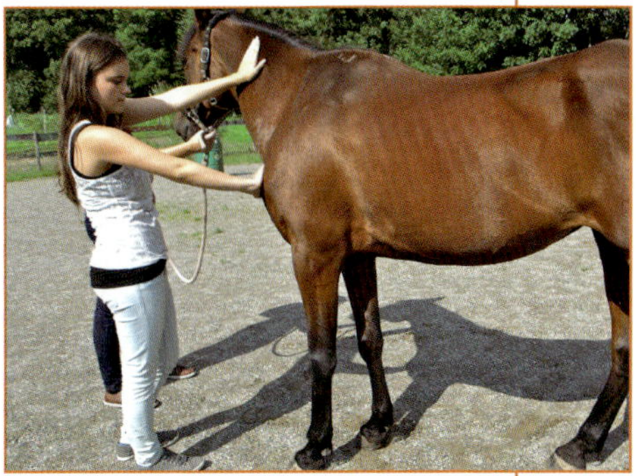

2. SCHRITT:

Die *linke Hand* bleibt auf der **linken 21** bzw. **12**, die *rechte Hand* geht auf die **rechte 14 (seitlich unterhalb des letzten Rippenbogens)**. Dafür strecken Sie die rechte Hand unter dem Bauch des Tieres hindurch auf die rechte Körperseite und greifen dann von unten an die 14.

Bei den folgenden Fotos wird SES 12 geströmt, da es doch ein sehr langer Strom ist und viele Tiere sich nicht gerne so lange im Gesicht (SES 21) strömen lassen.

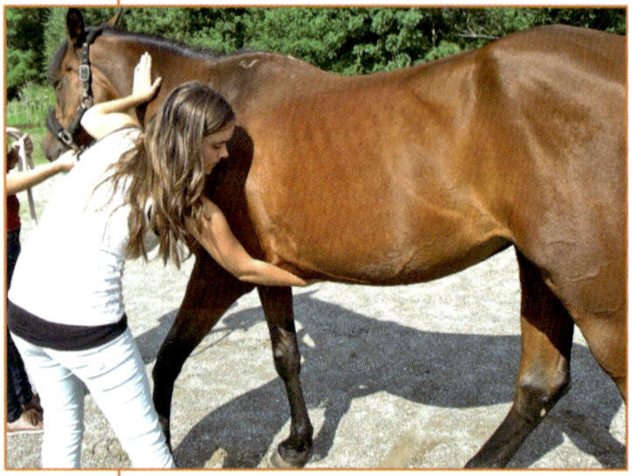

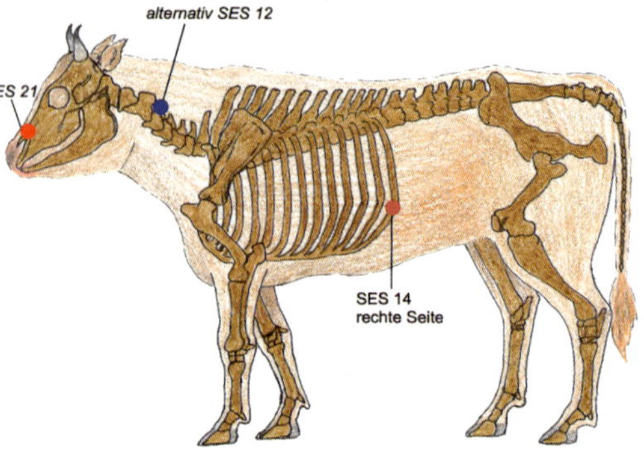

3. SCHRITT:

Die *linke Hand* bleibt auf der **linken 21** bzw. **12**, die *rechte Hand* geht auf die **rechte 23 (zwischen letztem Rippenbogen und Wirbelsäule)**.

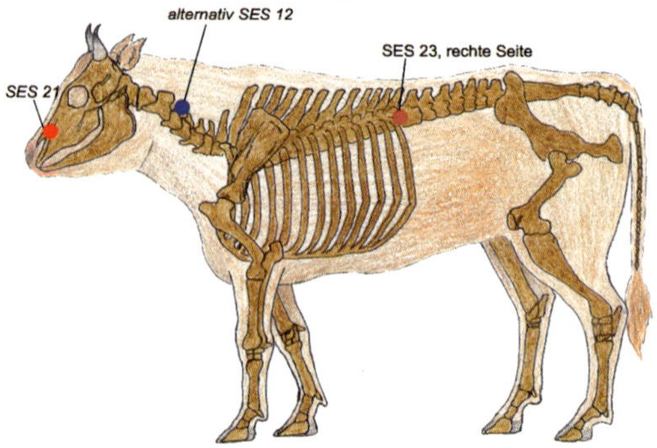

4. SCHRITT:

Die *linke Hand* bleibt auf der **linken 21** bzw. **12**, die *rechte Hand* geht auf die **linke 14 (seitlich unterhalb des letzten Rippenbogens)**.

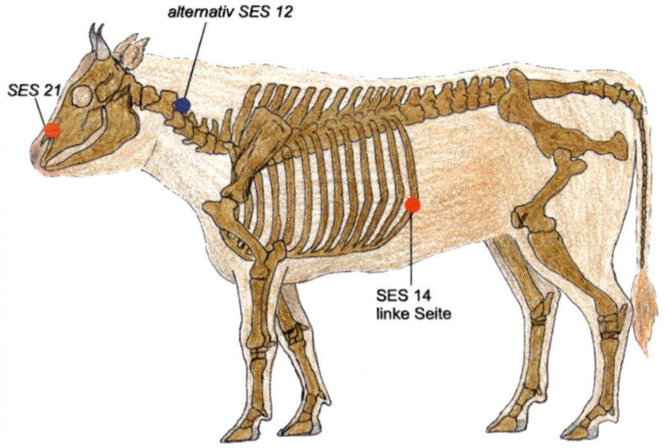

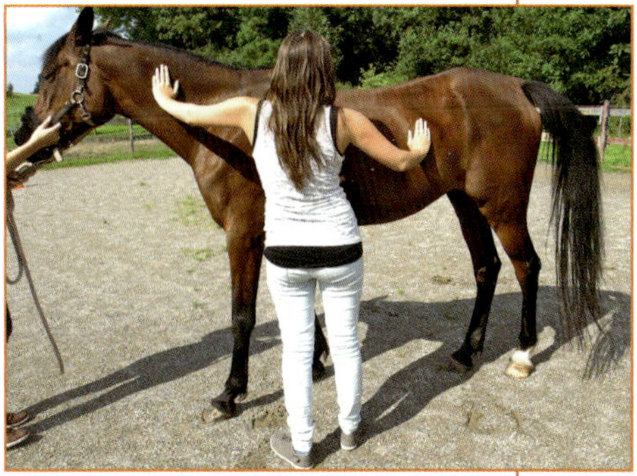

5. SCHRITT:

Gehen Sie auf die rechte Seite des Tieres. Legen Sie die *linke Hand* auf die **rechte hohe 1 (Innenseite Hinterbein, etwas oberhalb des Kniegelenkes)** und die *rechte Hand* auf das **rechte SES 14**.

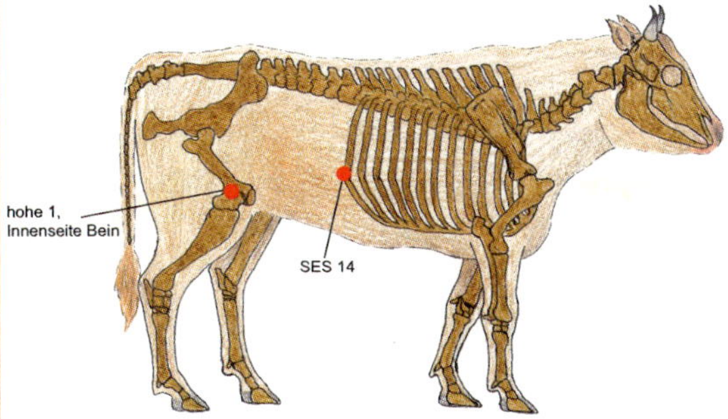

6. SCHRITT:

Die *rechte Hand* geht auf die **rechte hohe 1**, die *linke Hand* geht auf die **rechte tiefe 8 (Außenseite Hinterbein, etwas unterhalb des Kniegelenkes)**.

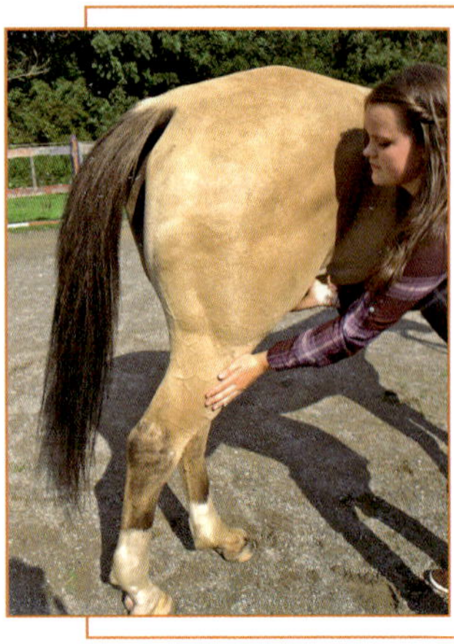

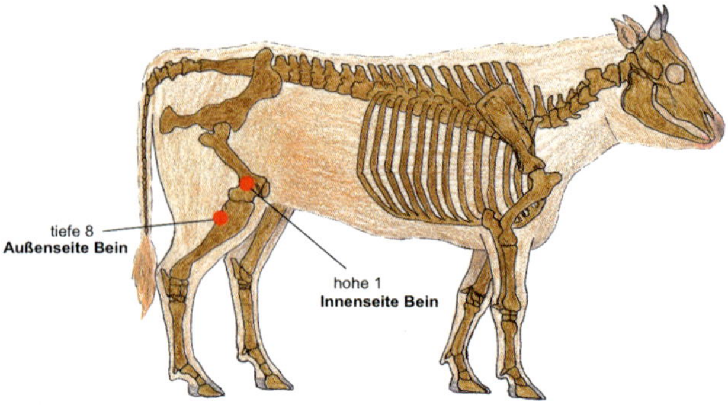

7. SCHRITT:

Die *rechte Hand* bleibt auf der **rechten hohen 1**, die *linke Hand* geht an den **rechten Fuß, in den Bereich des mittleren Zehs**.

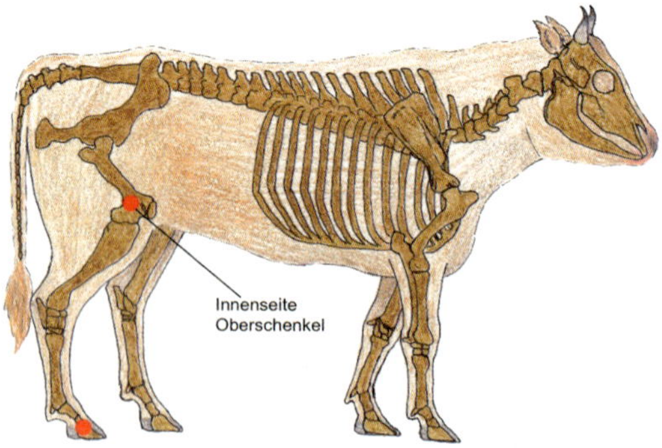

Für die rechte Körperseite machen Sie die Griffe umgekehrt:

1. Stehen Sie rechts. Legen Sie die *rechte Hand* auf das **rechte SES 21** oder alternativ auf das **rechte SES 12**. Die *linke Hand* geht an das **rechte SES 22**.
2. Die *rechte Hand* bleibt auf der **rechten 21 bzw. 12**, die *linke Hand* geht auf die **linke 14 (seitlich unterhalb des letzten Rippenbogens)**. Dafür strecken Sie die rechte Hand unter dem Bauch des Tieres hindurch auf die linke Körperseite und greifen dann von unten an die 14.
3. Die *rechte Hand* bleibt auf der **rechten 21** bzw. **12**, die *linke Hand* geht auf die **linke 23**.
4. Die *rechte Hand* bleibt auf der **rechten 21** bzw. **12**, die *linke Hand* geht auf die **rechte 14**.
5. Gehen Sie auf die linke Seite des Tieres. Legen Sie die *rechte Hand* auf die **linke hohe 1** und die *linke Hand* auf das **linke SES 14**.
6. Die *linke Hand* geht auf die **linke hohe 1**, die *rechte Hand* geht auf die **linke tiefe 8**.
7. Die *linke Hand* bleibt auf der **linken hohen 1**, die *rechte Hand* geht an den **linken Fuß, in den Bereich des mittleren Zehs**.

Linker Strom für kleinere Tiere wie kleinere Hunde, Katzen, Hasen, Meerschweinchen:

1. SCHRITT:

Legen Sie die *linke Hand* auf das **linke SES 21 (am unteren Rand des Jochbeinknochens, etwas oberhalb der Nase)** oder alternativ, wenn das Tier nicht so gerne im Gesicht berührt werden will, können Sie das **linke SES 12 (seitlich am Hals in der Mitte der Halswirbelsäule)** halten. Die *rechte Hand* geht an das **linke SES 22 (unter das linke Schlüsselbein)**. Auf den Fotos wird das SES 12 geströmt, weil unsere „Strömkatze“ nicht gerne im Gesicht berührt wird.

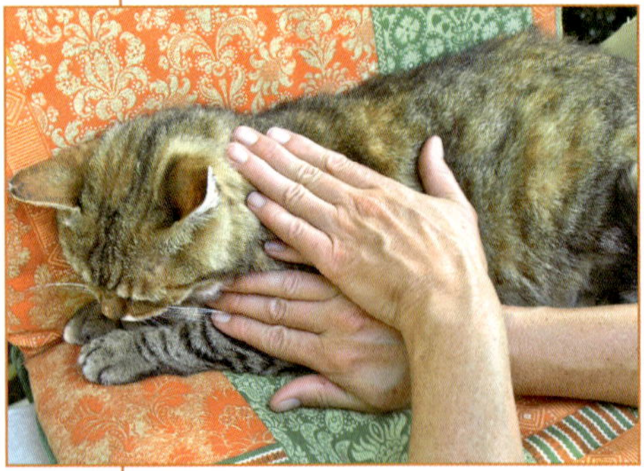

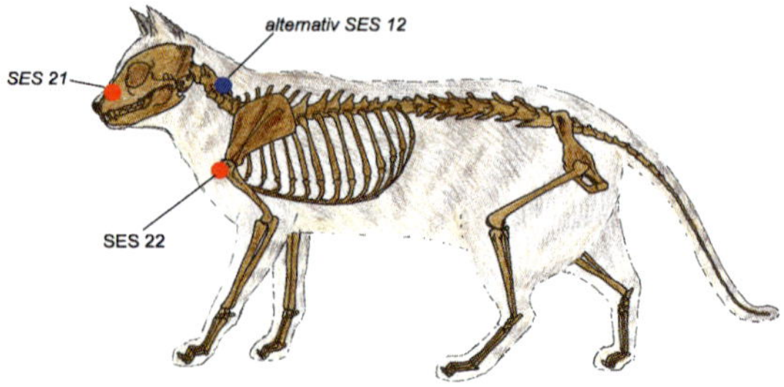

2. SCHRITT:

Die *linke Hand* bleibt während des ganzen Stromes auf der **linken 21 bzw. 12** liegen. Die *rechte Hand* geht auf die **rechte 14 (seitlich unterhalb des rechten letzten Rippenbogens)**. Dafür strecken Sie die *rechte Hand* über das Tier auf die **rechte Körperseite** und greifen dann von da die **14**.

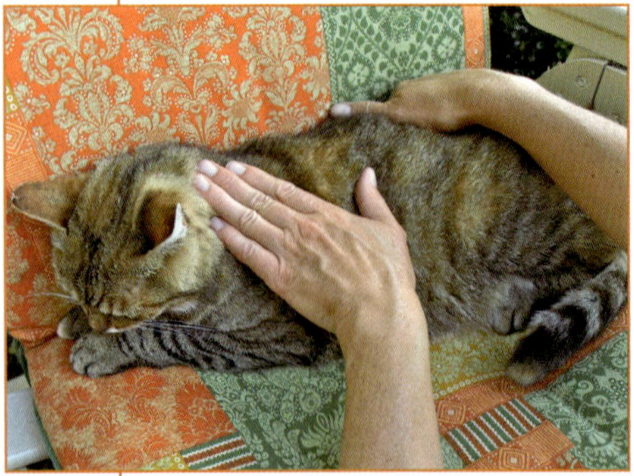

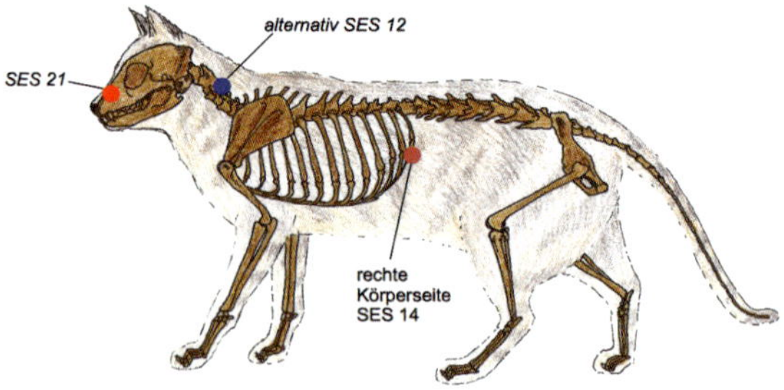

3. SCHRITT:

Nun geht die *rechte Hand* auf die **rechte 23 (zwischen letztem Rippenbogen und Wirbelsäule)**.

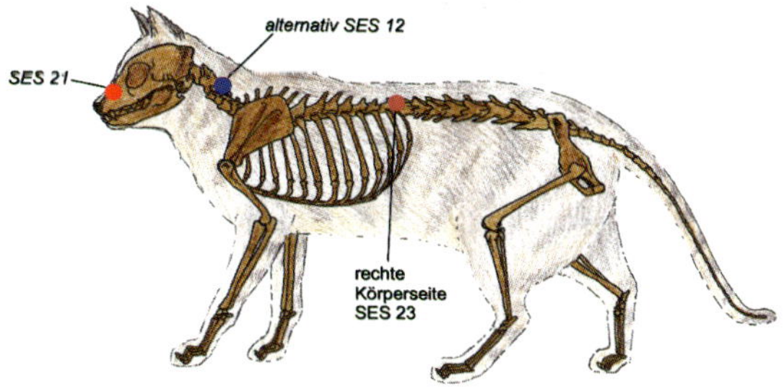

4. SCHRITT:

Legen Sie die *rechte Hand* auf die **linke 14 (seitlich unterhalb des letzten Rippenbogens)**.

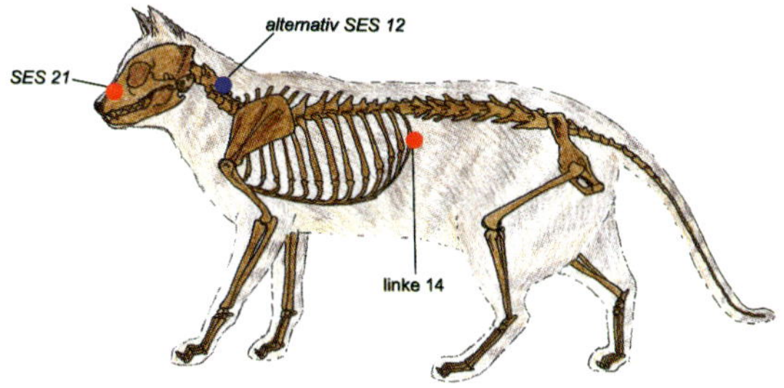

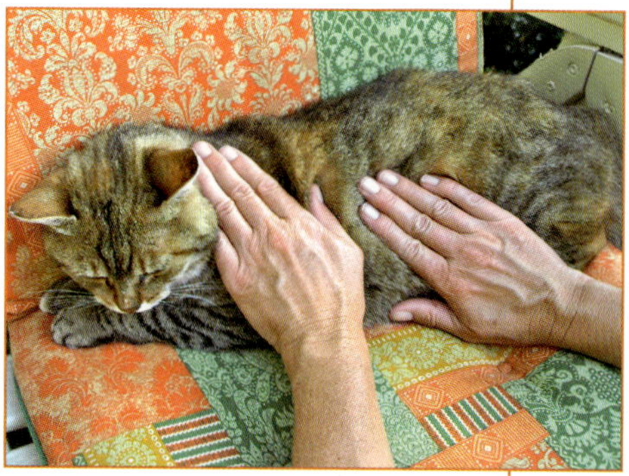

5. SCHRITT:

Legen Sie die *rechte Hand* auf die **rechte hohe 1(Innenseite Hinterbein, etwas oberhalb des Kniegelenkes)**.

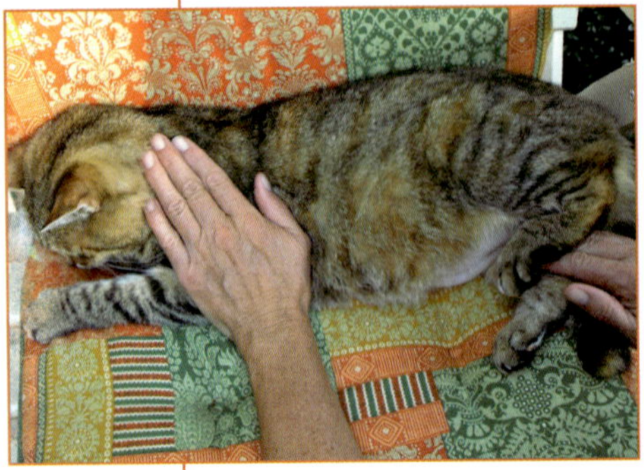

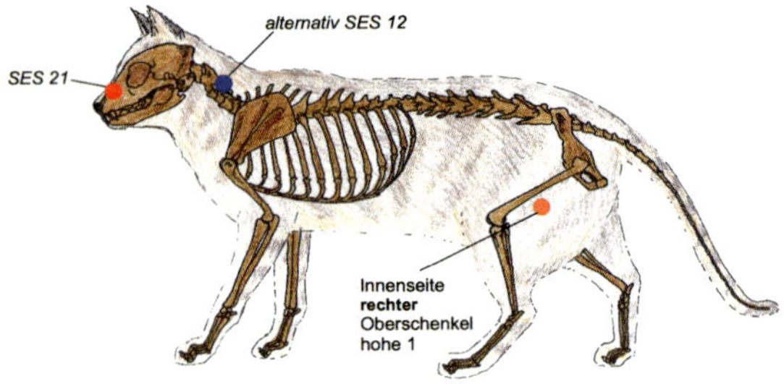

6. SCHRITT:

Legen Sie die *rechte Hand* auf die **rechte tiefe 8 (Außenseite Hinterbein, etwas unterhalb des Kniegelenkes)**.

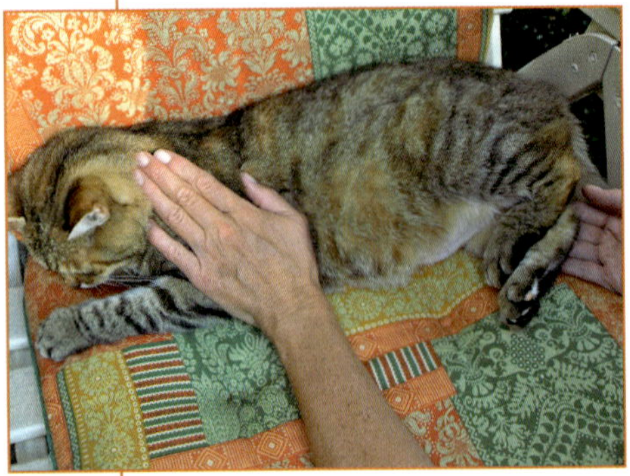

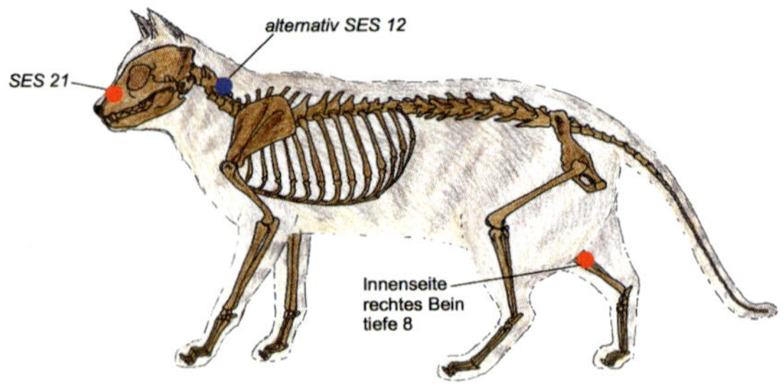

7. SCHRITT:

Nun geht die *rechte Hand* an den **rechten Fuß, in den Bereich des mittleren Zehs**.

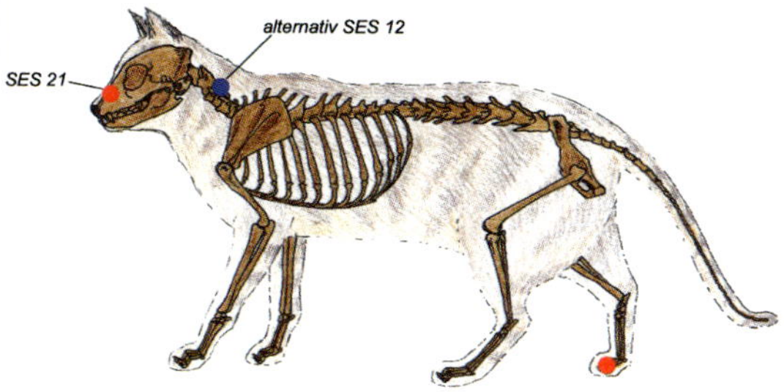

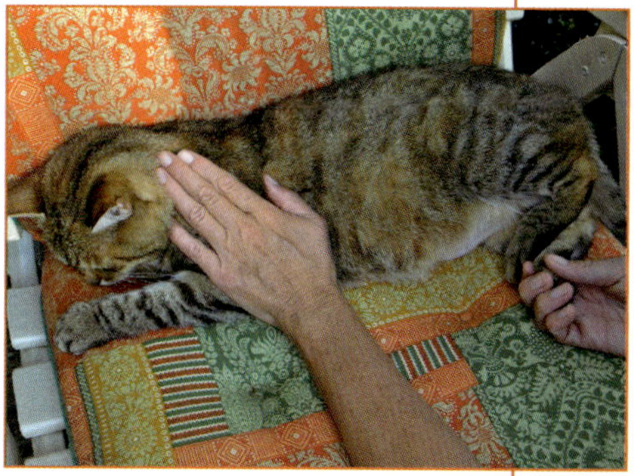

Für die rechte Körperseite machen Sie die Griffe umgekehrt:

1. Sitzen Sie auf der rechten Seite des Tieres. Legen Sie die *rechte Hand* auf das **rechte SES 21** oder alternativ auf das **rechte SES 12**. Die *linke Hand* geht an das **rechte SES 22**.
2. Die *rechte Hand* bleibt während des ganzen Stromes auf der **rechten 21** bzw. **12** liegen. Die *linke Hand* geht auf die **linke 14**. Dafür strecken Sie die *linke Hand* über das Tier auf die linke Körperseite und greifen dann von da die **14**.
3. Nun geht die *linke Hand* auf die **linke 23**.
4. Legen Sie die *linke Hand* auf die **rechte 14**.
5. Legen Sie die *linke Hand* auf die **linke hohe 1**.
6. Legen Sie die *linke Hand* auf die **linke tiefe 8**.
7. Nun geht die *linke Hand* an den **linken Fuß, in den Bereich des mittleren Zehs**.

Kurzgriff für den Magenstrom:
Legen Sie eine Hand auf **SES 22**, die andere Hand auf **SES 14**.

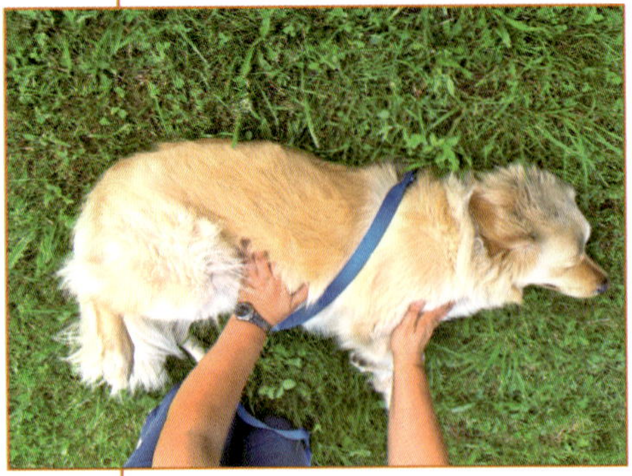

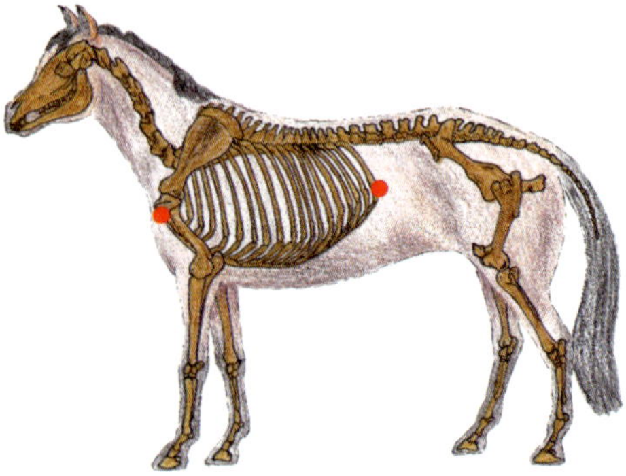

Der Blasenstrom

Dies ist ein sehr einfacher Strom, alle Schritte sind auf der gleichen Körperseite und gut zu erreichen.

Der Blasenstrom
- ◊ **harmonisiert alle Ängste und schenkt Liebe und Vertrauen!**
- ◊ gibt tiefe innere Sicherheit und Gelassenheit
- ◊ wirkt harmonisierend und ausgleichend
- ◊ hilft bei Rückenproblemen
- ◊ nimmt den Schmerz aus dem Körper
- ◊ löst Neid und Eifersucht
- ◊ hilft Knie und Waden
- ◊ bringt Ruhe und Ausgeglichenheit
- ◊ wirkt entgiftend
- ◊ harmonisiert Durchfall und Verstopfung
- ◊ hilft bei rheumatischen Erkrankungen
- ◊ ist hilfreich vor und nach Kastration
- ◊ wirkt unterstützend, wenn Tiere aus dem Tierheim kommen

Den Blasenstrom ins Gleichgewicht bringen:
Bei kleineren Tieren wie kleinere Hunde, Katzen, Hasen, Meerschweinchen:
Für den linken Strom sitzen oder stehen Sie auf der linken Seite des Tieres.

1. SCHRITT:

Legen Sie die *linke Hand* auf das **linke SES 12 (seitlich neben die Wirbelsäule in der Mitte des Halses)**. Die linke Hand bleibt den ganzen Strom über da liegen. Legen Sie die *rechte Hand* ans **Steißbein (unteres Ende Wirbelsäule)**.

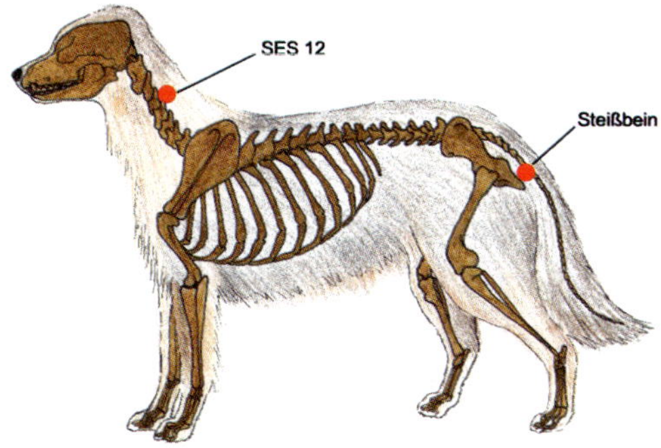

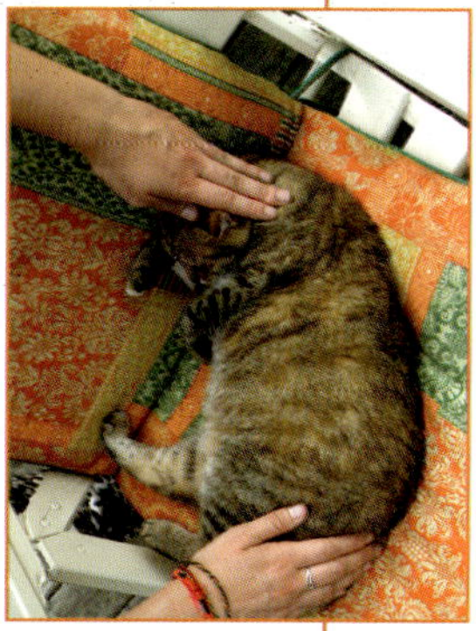

2. SCHRITT:

Legen Sie *rechte Hand* an das **linke SES 8 (Außenseite des Hinterbeines am Kniegelenk)**.

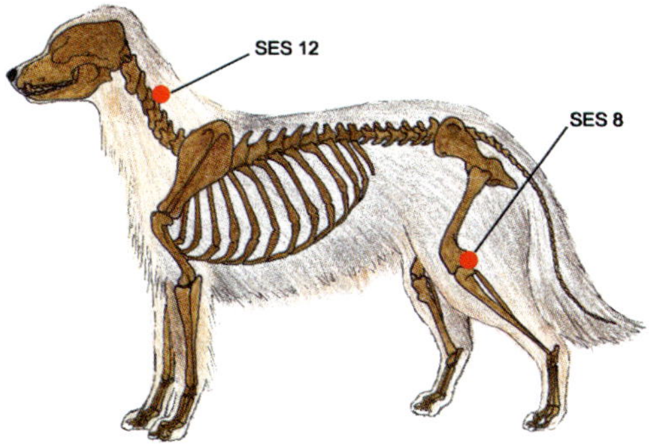

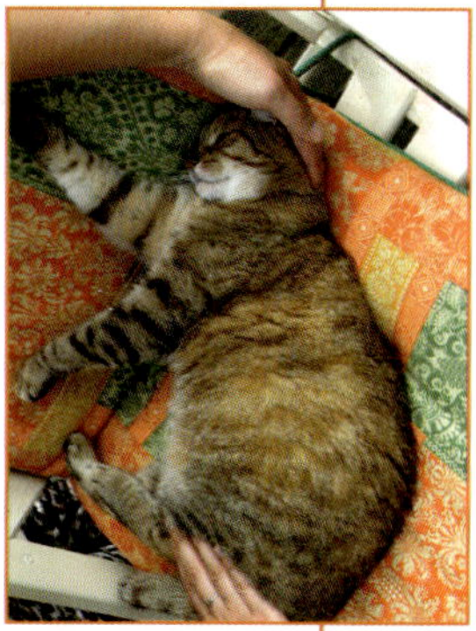

3. SCHRITT:

Legen Sie die *rechte Hand* auf das **linke SES 16 (an der Außenseite des Sprunggelenkes)**.

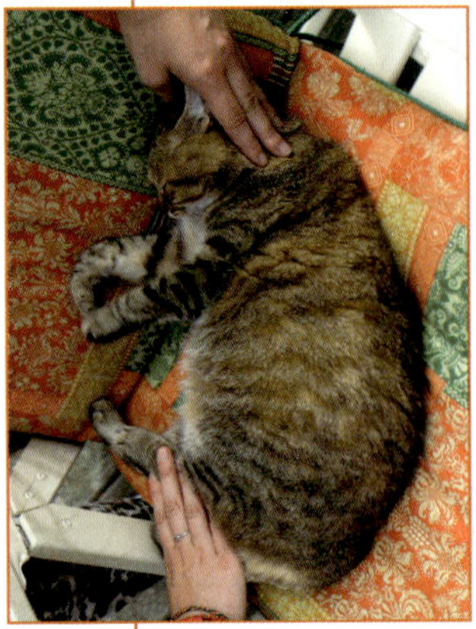

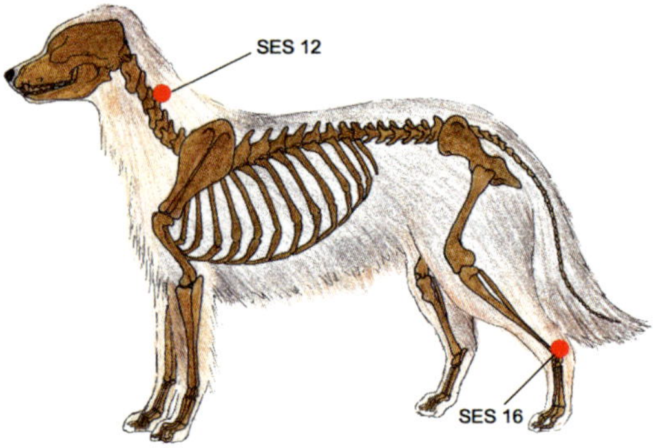

4. SCHRITT:

Nun halten Sie mit der *rechten Hand* die **linke kleine Zehe**.

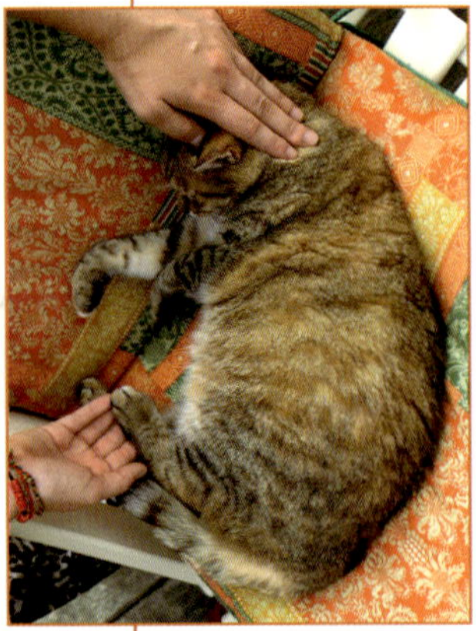

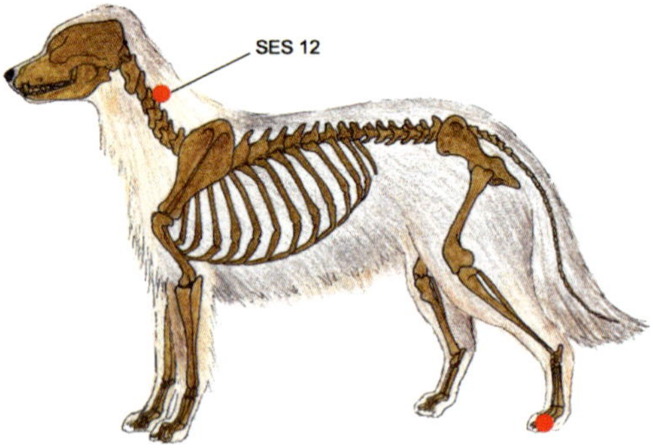

Und umgekehrt für die rechte Körperseite:

1. Sitzen Sie auf der rechten Seite des Tieres. Legen Sie die *rechte Hand* auf das **rechte SES 12**. Die linke Hand bleibt den ganzen Strom über da liegen. Legen Sie die *linke Hand* ans **Steißbein**.
2. Legen Sie *linke Hand* auf das **rechte SES 8**.
3. Legen Sie die *linke Hand* auf das **rechte SES 16**.
4. Nun halten Sie mit der *linken Hand* die **rechte kleine Zehe**.

Für größere Tiere wie Pferde und Kühe oder auch große Hunde, wenn das für Sie einfacher ist, harmonisieren Sie den Strom folgendermaßen:

Für den linken Strom stehen Sie auf der linken Seite des Tieres.

1. SCHRITT:

Legen Sie die *linke Hand* auf das **linke SES 12 (in der Mitte des Halses seitlich neben der Wirbelsäule)** und die *rechte Hand* auf das **linke SES 23 (auf den Rücken an die Wirbelsäule auf Höhe des letzten Rippenbogens)**.

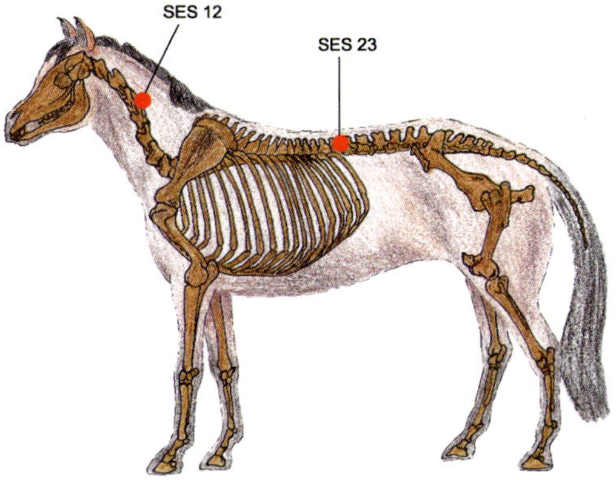

2. SCHRITT:

Legen Sie nun die *linke Hand* auf die **linke 23** und die *rechte Hand* ans **Steißbein**.

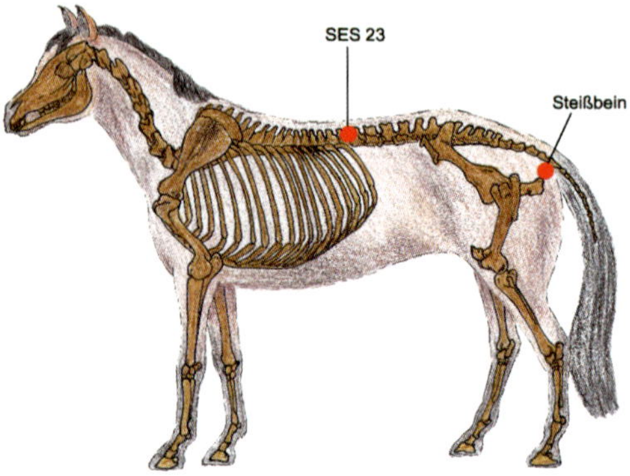

3. SCHRITT:

Nun geht die *linke Hand* ans **Steißbein**, wo sie bis Ende des Stromes liegen bleibt. Mit der *rechten Hand* halten Sie das **linke SES 8 (Außenseite des Hinterbeines am Kniegelenk)**.

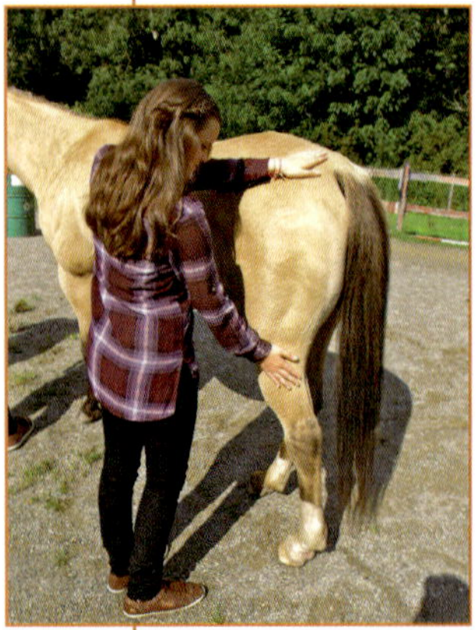

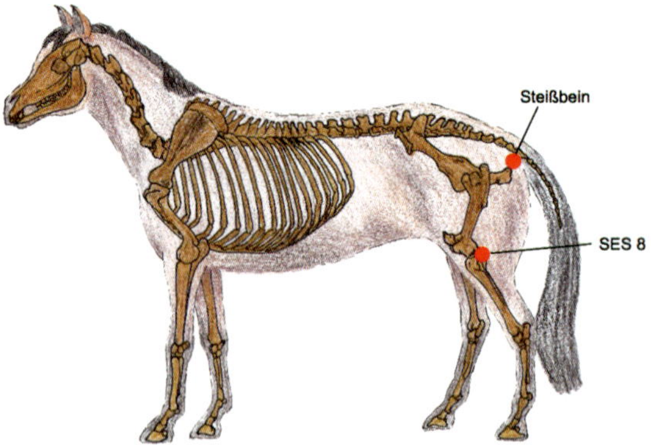

4. SCHRITT:

Legen Sie die *rechte Hand* auf das **linke SES 16 (an der Außenseite des Sprunggelenkes)**.

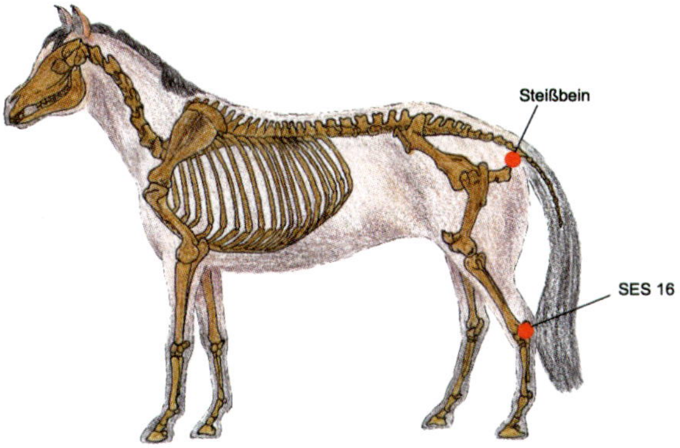

5. SCHRITT:

Legen Sie nun die **rechte Hand** an die **Außenseite des linken Hufes**.

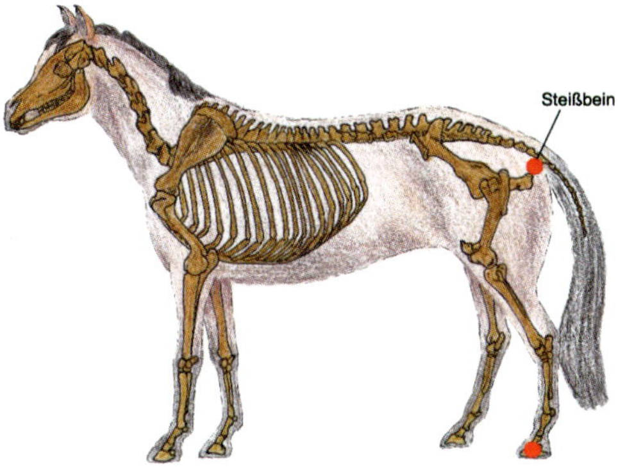

Und umgekehrt für die rechte Körperseite:
Stehen Sie auf der rechten Seite des Tieres.

1. Legen Sie die *rechte Hand* auf das **rechte SES 12** und die *linke Hand* auf das **rechte SES 23**.
2. Legen Sie nun die *rechte Hand* auf die **rechte 23** und die *linke Hand* ans **Steißbein**.
3. Nun geht die *rechte Hand* ans **Steißbein**, wo sie bis Ende des Stromes liegen bleibt. Mit der *linken Hand* halten Sie das **rechte SES 8**.
4. Legen Sie die *linke Hand* auf das **rechte SES 16**.
5. Legen Sie nun die *rechte Hand* an die **Außenseite des rechten Hufes**.

Kurzgriff für den Blasenstrom:
Legen Sie eine Hand auf **SES 12** und die andere Hand auf **SES 23**

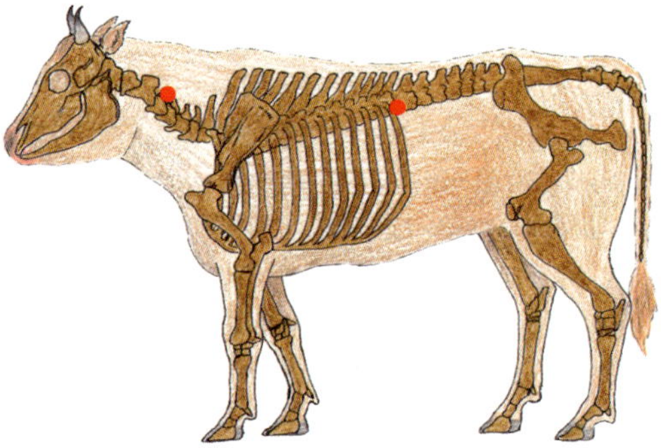

oder eine Hand auf **SES 23** und die andere Hand auf **SES 25**.

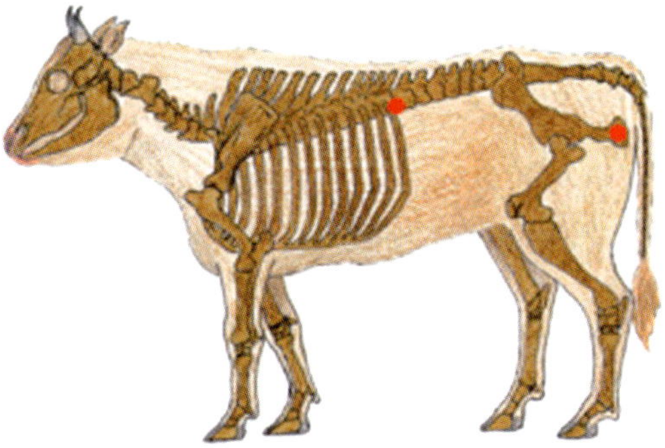

Praktische Tips

Mühelosigkeit

Jin Shin Jyutsu ist mühelos. Entspannen Sie sich, es gibt nichts zu erreichen, im Sinne von Anstrengung oder Bemühung: Es darf einfach sein! Schauen Sie, was Ihnen und Ihrem Tier guttut. Das ist alles. Legen Sie die Aufmerksamkeit nicht auf die Symptome und darauf, diese „wegzumachen“, sondern schauen Sie auf den Puls, die Lebensenergie, die immer da ist. Durch das Strömen stärken Sie diesen Puls und harmonisieren die Energieströme, die den Körper nähren, aufbauen und immer wieder erneuern.

Legen Sie einfach die Hände auf die verschiedenen Energieschlösser und lassen Sie geschehen. Ihre Intuition zeigt Ihnen Ihren persönlichen Weg. Wenn Griffe für Sie zu unbequem sind, suchen Sie sich eine bequemere Möglichkeit. Sie können, was sich vor allem bei großen Tieren anbietet, auch zu zweit strömen. Entweder indem jeder auf einer Seite strömt oder beide auf der gleichen Seite unterschiedliche Punkte halten. Wichtig ist: Sie können nichts falsch machen! Wenn es dem Tier reicht, wird es sich bemerkbar machen. Wenn Sie mal einen „falschen“ Punkt aus Versehen halten, passiert auch nichts. Dann dauert es vielleicht einfach ein bisschen länger, bis die Wirkung eintritt.

Regelmäßigkeit

Bei tiefen Ungleichgewichten, chronischen oder schweren Erkrankungen ist es ganz wichtig, regelmäßig zu strömen, am besten einmal am Tag. Es dauert meist eine relativ lange Zeit, bis sich starke Ungleichgewichte aufbauen, und so dauert es meist auch eine Zeit, bis sie sich wieder lösen.

Auch gesunde Tiere werden gern geströmt!

Durch regelmäßiges Geströmtwerden kommt Ihr Tier in einen tiefen entspannten Zustand, in dem umfassende Regeneration und Heilung geschehen können.

Wenn man über einen bestimmten Zeitraum hinweg regelmäßig eine Strömsequenz durchführt, wird das Gehirn gepolt und schaltet dann schon bei der ersten Berührung auf Entspannung.

Reaktionen

Jin Shin Jyutsu reguliert immer zuerst das, was das Lebewesen gerade am dringendsten braucht. Deshalb lassen Sie sich nicht verunsichern, wenn Sie bei einem bestimmten Projekt, weswegen Sie strömen, zuerst einmal keine Veränderung bemerken. Schauen Sie sich an, was sich ansonsten verändert. Vielleicht wird Ihr Tier insgesamt ruhiger, entspannter, oder vielleicht ist ein anderes Symptom plötzlich verschwunden – Jin Shin Jyutsu wirkt immer, auch wenn wir es vielleicht manchmal nicht wahrnehmen. Das eine Mal merken Sie vielleicht sofort eine deutliche Reaktion, das andere Mal scheint es etwas länger zu dauern. Bleiben Sie einfach dran. Das heißt aber nicht, dass dies einen Arzt ersetzen soll. Lassen Sie es ärztlich abklären, wenn Ihr Tier krank ist, eine Verletzungen hat. Strömen können Sie immer zusätzlich.

Sie können beim Strömen die unterschiedlichsten Dinge erleben, schnelle Veränderungen, Veränderungen in Bereichen, die beim Strömen eigentlich gar kein Thema waren, und ein anderes mal scheint sich gar nichts zu tun. Dennoch bewegt sich etwas: In der Stille arbeitet der Körper auf seiner tiefsten Ebene. Haben Sie Vertrauen, entspannen Sie sich, setzen Sie sich nicht unter Druck.

Spezielle Themen

Im Folgenden sind einige Themen auffgeführt und verschiedene Möglichkeiten der Harmonisierung beschrieben. Wenn mehrere Möglichkeiten angegeben sind, suchen Sie sich einfach den Griff raus, der Ihrem Gefühl nach am besten passt. Oder machen Sie die angegebenen Griffe hintereinander.

Abszesse, Furukel

Bei Abszessen oder Furunkeln, bei allem, was aus dem Körper raus musss, legen Sie die linkeHand auf den Abszess und die rechte Hand auf die linke Hand.

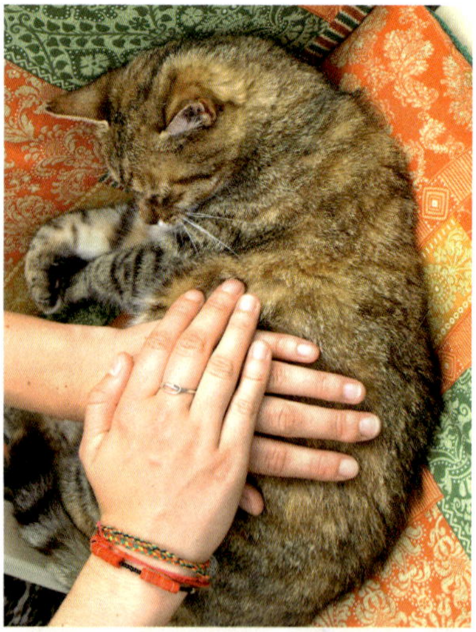

Wenn Sie zu mehreren Leuten sind, können Sie auch einen „Händeberg" machen: Einer legt die linke Hand auf den Abszess und die rechte Hand darüber, der nächste legt die linke Hand auf Ihre rechte Hand und die rechte Hand darüber usw. Das beschleunigt den Prozess.

Aggression

Einfache Griffe zur Beruhigung und Entspannung sind folgende:
Legen Sie eine Hand auf **SES 5** und die andere Hand auf **SES 25**

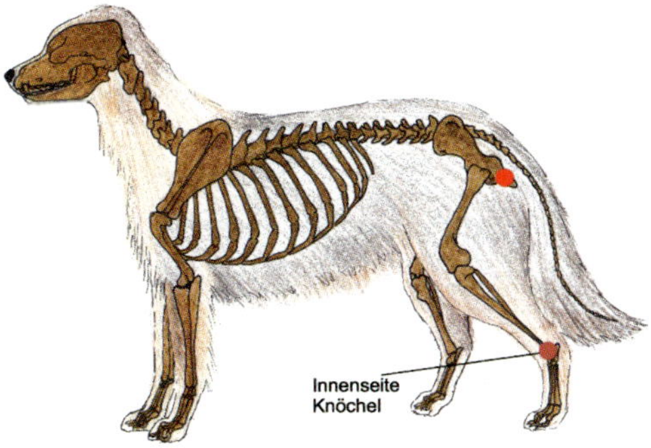

oder halten Sie mit einer Hand **SES 4** und mit der anderen Hand die **SES 22**.

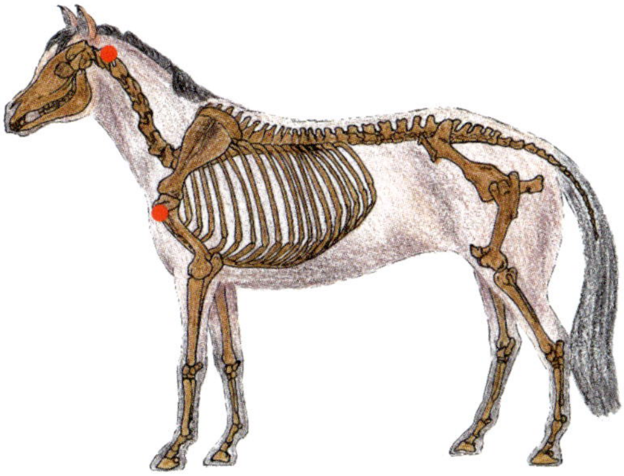

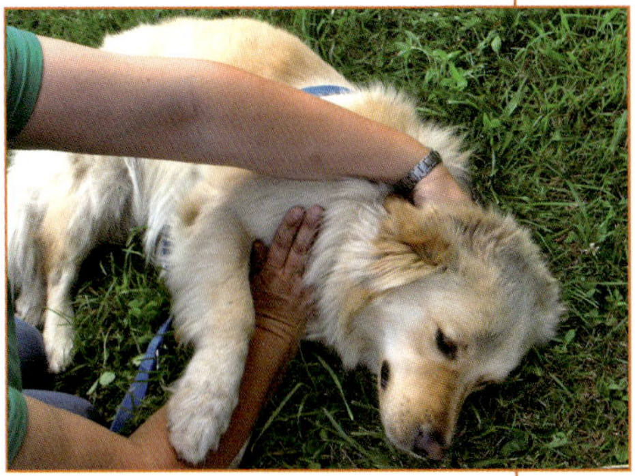

Allergie

Allergien sind in unserer Gesellschaft ein weitverbreitetes Thema – und nicht nur beim Menschen, sondern inzwischen auch beim Tier. Es gibt unterschiedliche Faktoren, die eine Allergie auslösen können, und oft können wir die Zusammenhänge nur vermuten. Das Immunsystem überreagiert, bekämpft Stoffe, die es eigentlich nicht bekämpfen sollte. Wichtig bei allen Allergien ist die Harmonisierung des Immnsystems.

SES 3 ist der Schlüssel zu einem gut funktionierenden Immunsystem. Erinnern Sie sich: Die 3 ist die Tür, die aufspringt, um alte, verbrauchte Energie hinauszulassen und neue gereinigte Energie zu empfangen. Halten Sie die **3** zusammen mit der **15**.

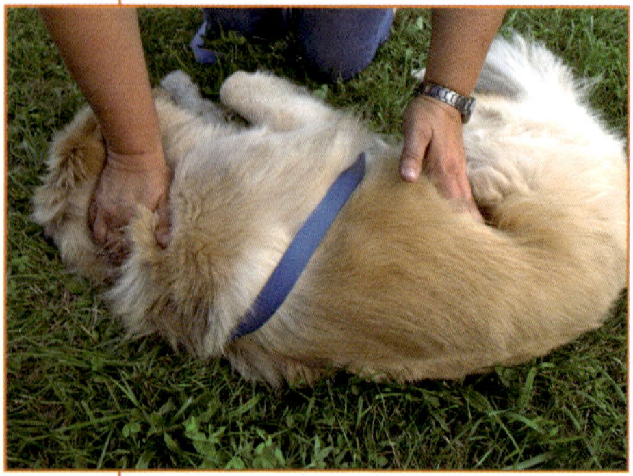

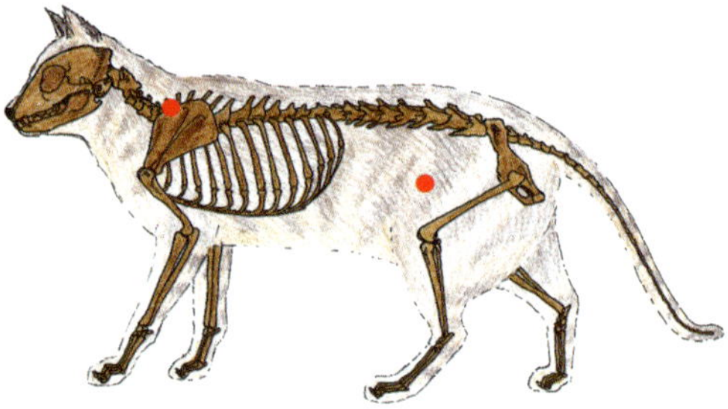

Auch der **Milzstrom** stärkt sehr direkt und kraftvoll das Immunsystem (S. 85). Ein wesentlicher Punkt bei allen Unverträglichkeiten ist **SES 22**, es hilft, sich im positiven Sinne anzupassen.

Halten Sie **beide SES 22**

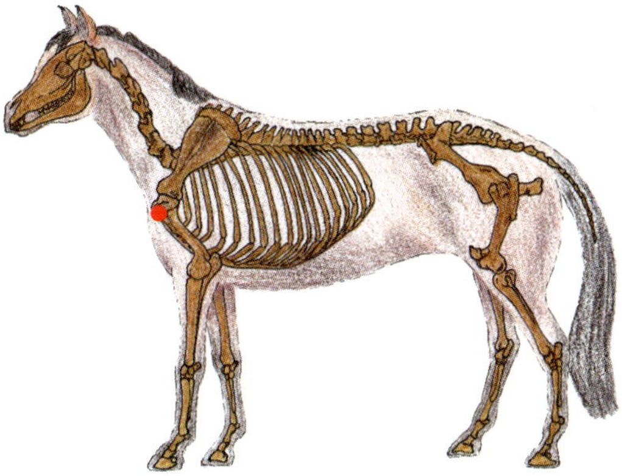

oder **SES 22** zusammen mit **SES 14**.

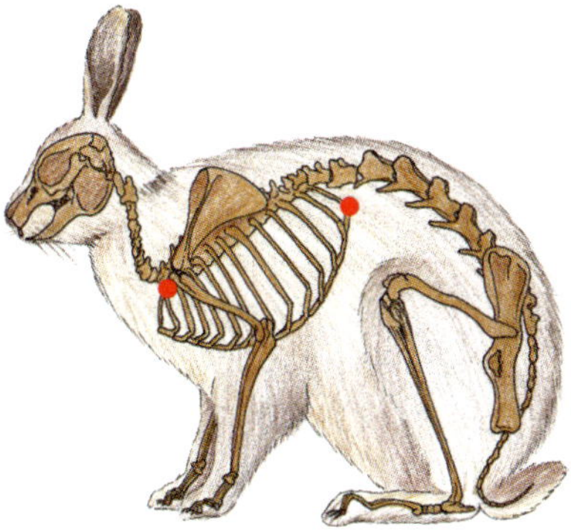

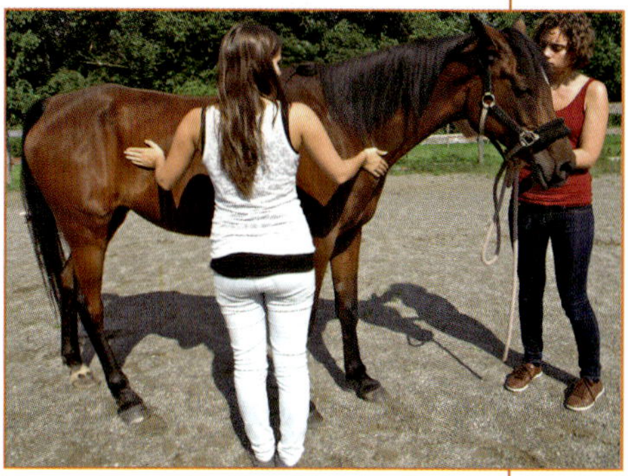

Ein weiterer wichtiger Griff bei Allergien ist folgender: Legen Sie eine Hand auf **SES 19**, die andere Hand auf **SES 1**.

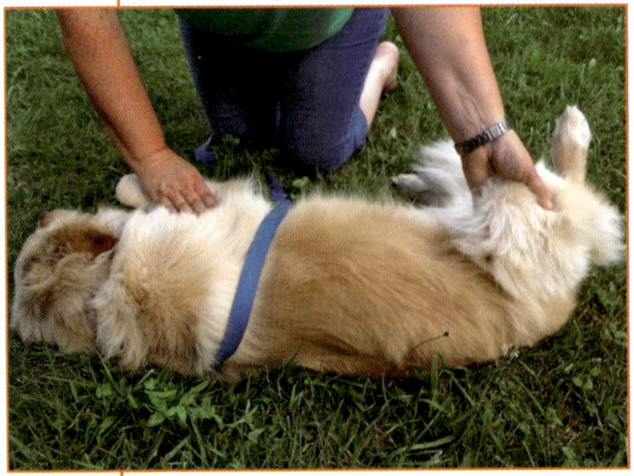

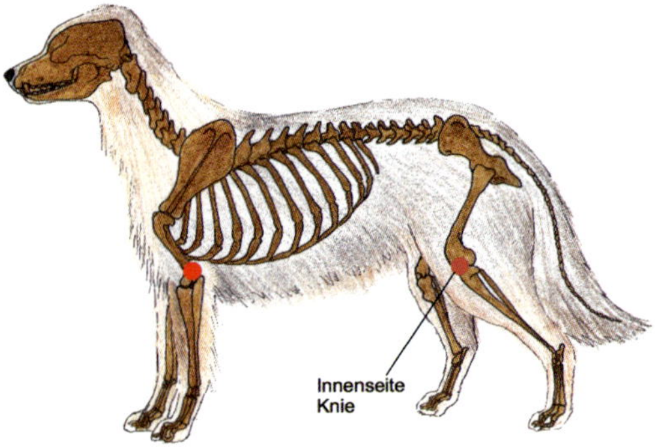

Oder halten Sie **SES 10** zusammen mit **SES 13**.

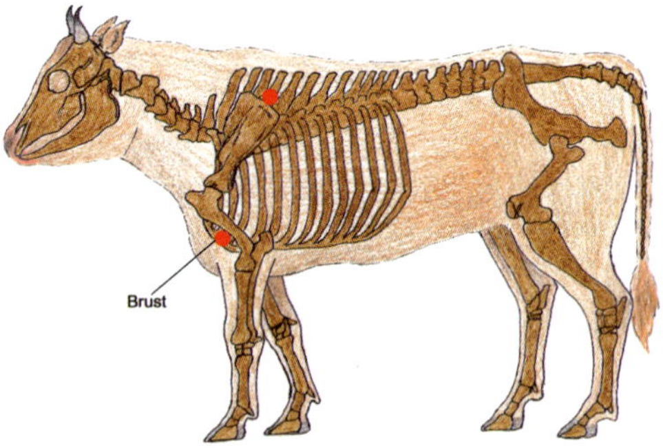

Angst/ Panik

Ein wichtiger Strom bei Ängsten ist der **Zentralstrom** (S. 31f.), der alles wieder in die Mitte, ins Lot bringt und tiefes Vertrauen schenkt.

Wichtige Energieschlösser beim Thema Angst sind **SES 21, 22 und 23**. Die Kombination dieser Energieschlösser ist eine sehr kraftvolle Möglichkeit, Ängste zu harmonisieren: Für die linke Körperseite stehen oder sitzen Sie links und legen Sie die *linke Hand* auf das **linke SES 21** und die *rechte Hand* auf das **linke SES 23**.

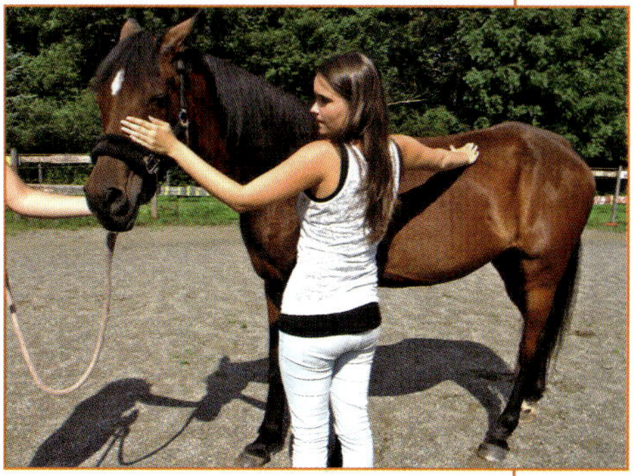

Wenn das Tier nicht im Gesicht geströmt werden mag, oder bei sehr großen Tieren halten Sie statt der 21 die **12**.

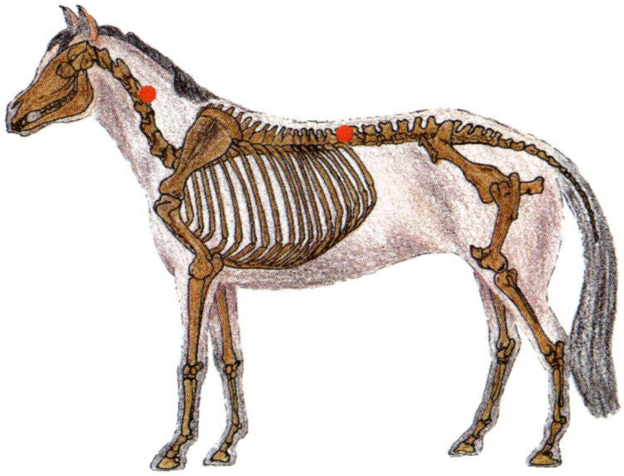

Dann lassen Sie die *rechte Hand* auf der **linken 23** und legen Sie die *linke Hand* auf das **linke SES 22**.

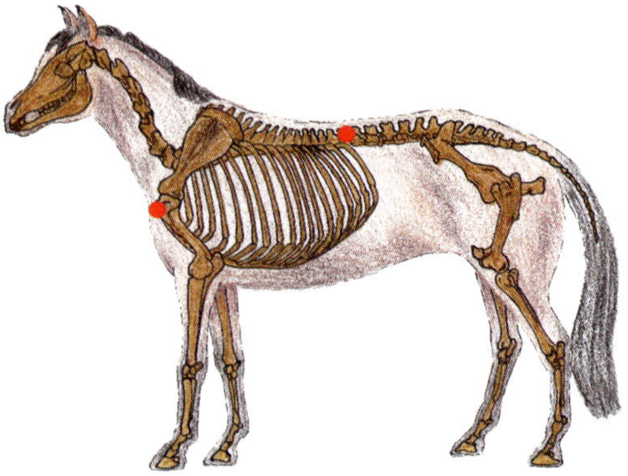

Für die rechte Körperseite sitzen oder stehen Sie rechts und legen zuerst die *rechte Hand* auf das **rechte SES 21 bzw. SES 12** und die *linke Hand* auf das **rechte SES 23**. Die *linke Hand* bleibt auf der **23** und die *rechte geht* an das **rechte SES 22**.

Eine weitere Möglichkeit, Ängste zu harmonisieren ist folgende (für die linke Körperseite stehen oder sitzen Sie links): Legen Sie die *linke Hand* auf das **linke SES 4** und die *rechte Hand* auf das **linke SES 12**.

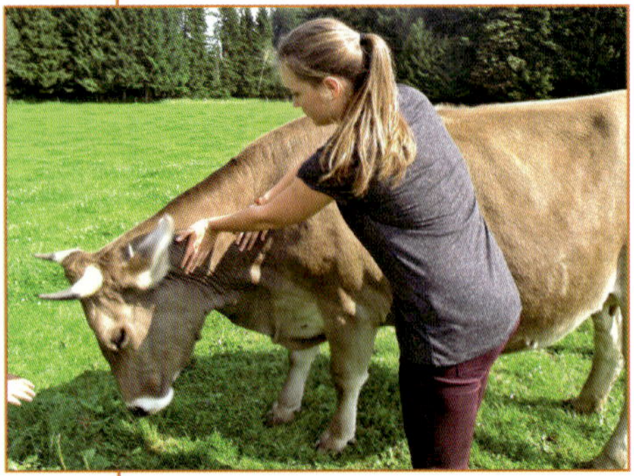

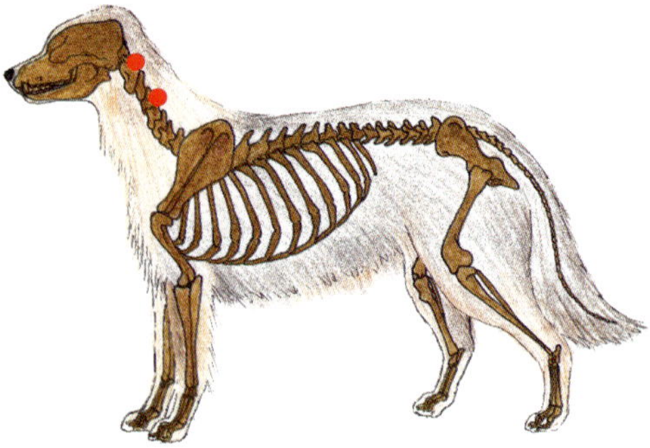

Dann geht die *linke Hand* auf das **linke SES 12** und die *rechte Hand* auf das **linke SES 11**.

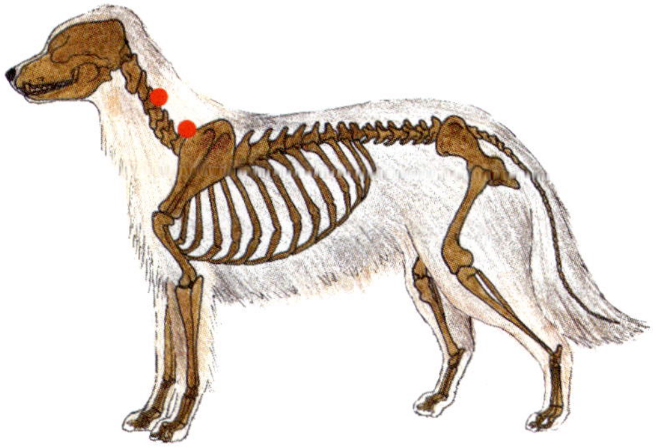

Und umgekehrt für die rechte Körperseite sitzen oder stehen Sie rechts und legen zuerst die *rechte Hand* auf das **rechte SES 4** und die *linke Hand* auf das **rechte SES 12**. Dann geht die *rechte Hand* auf das **rechte SES 12** und die *linke Hand* auf das **rechte SES 11**.

Atmung

Ein wichtiger Griff für alle Atemprojekte ist folgender:
Legen Sie eine Hand auf **SES 10** und die andere Hand auf **SES 13**.

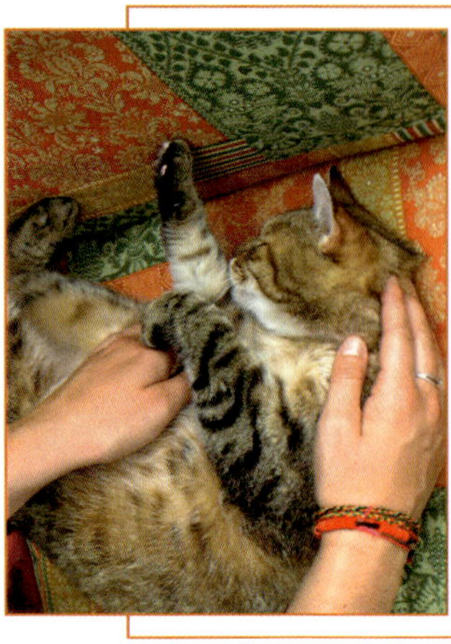

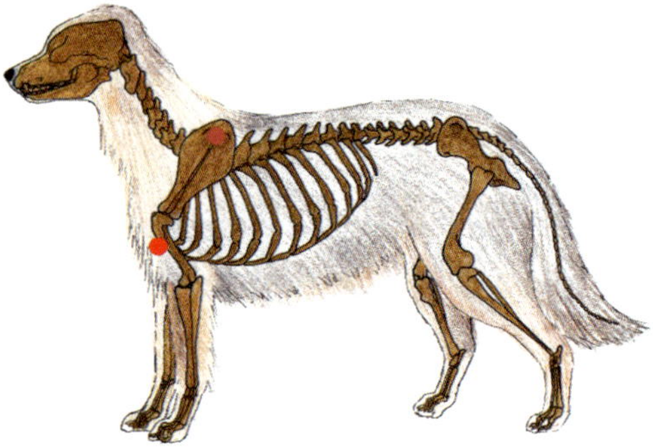

Wichtige Energieschlösser für die Atmung sind **SES 1, 2 und 3**. Sie können sie in folgender Strömfolge harmonisieren:
Für die linke Körperseite stehen oder sitzen Sie links. Legen Sie die *rechte Hand* auf das **linke SES 2** und die *linke Hand* auf das **linke SES 1**.

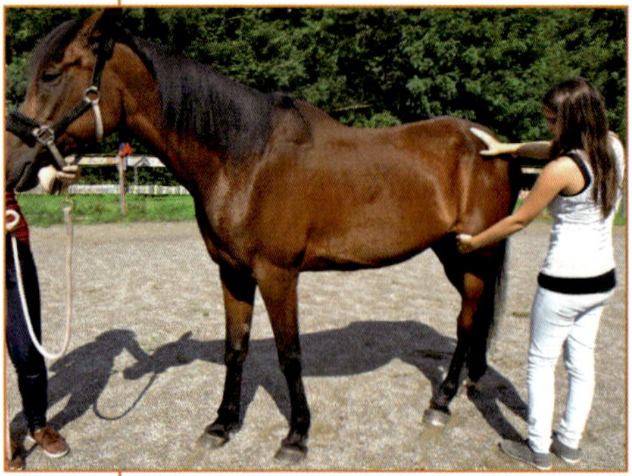

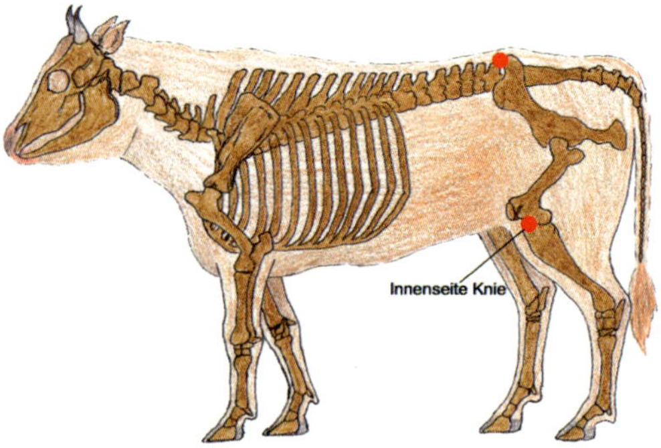

Dann bleibt die *rechte Hand* auf **SES 2** und die *linke Hand* geht auf das **linke SES 3**.

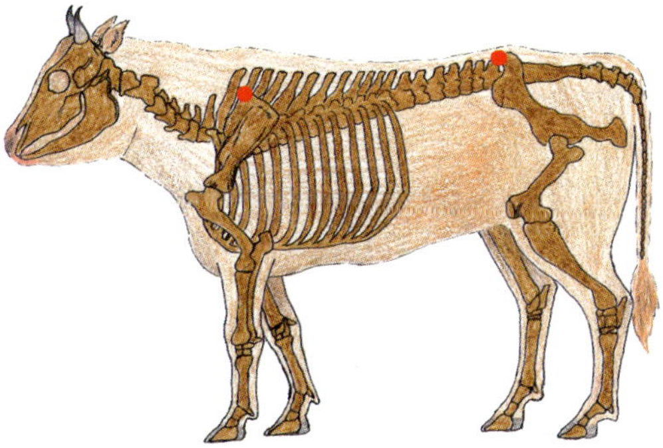

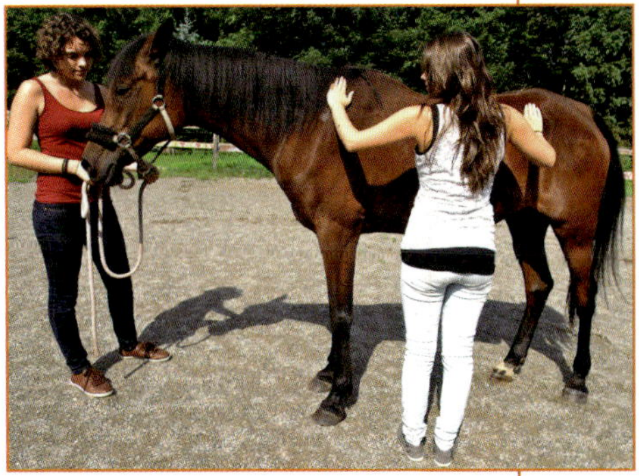

Für die rechte Seite umgekehrt: Stehen oder sitzen Sie rechts und legen Sie die *linke Hand* auf die **rechte 2** und die *rechte Hand* auf die **rechte 1**. Dann bleibt die *linke Hand* auf der **2** und die *rechte Hand* geht auf das **rechte SES 3**.

Augen

Zwei wichtige Griffe gibt es für alle Augenprojekte:
Legen Sie eine Hand auf das **SES 20** auf der Seite des betroffenen Auges und die andere Hand auf das **gegenüberliegende SES 4**.

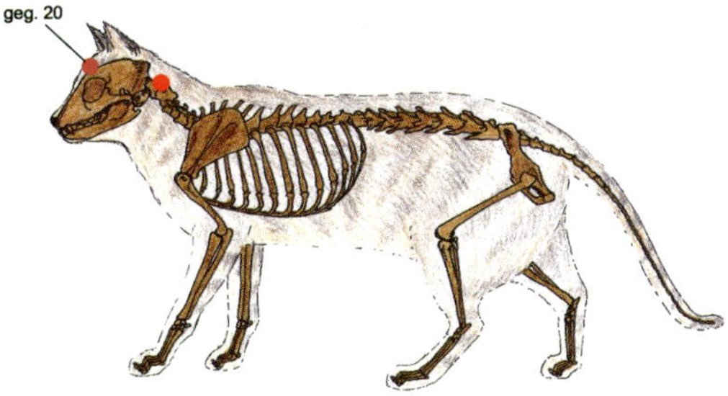

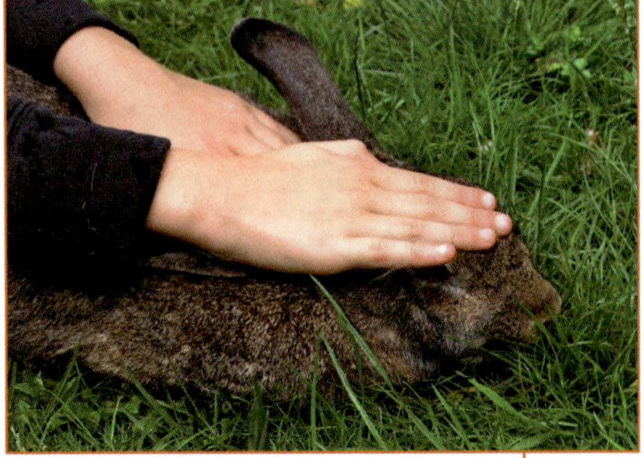

Oder legen Sie eine Hand auf **SES 4** und die andere Hand auf **SES 13** auf der **gegenüberliegenden Seite des betroffenen Auges**.

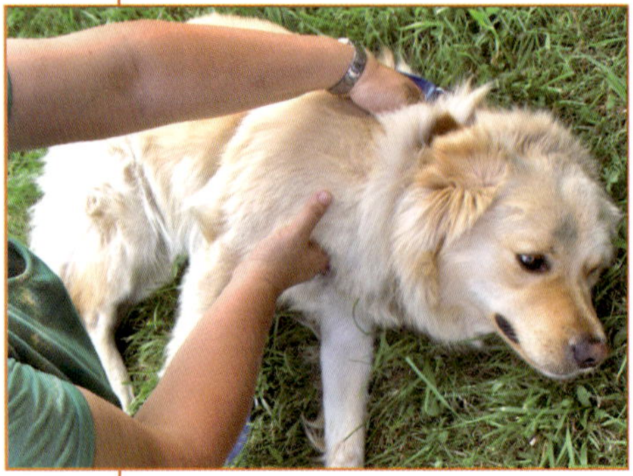

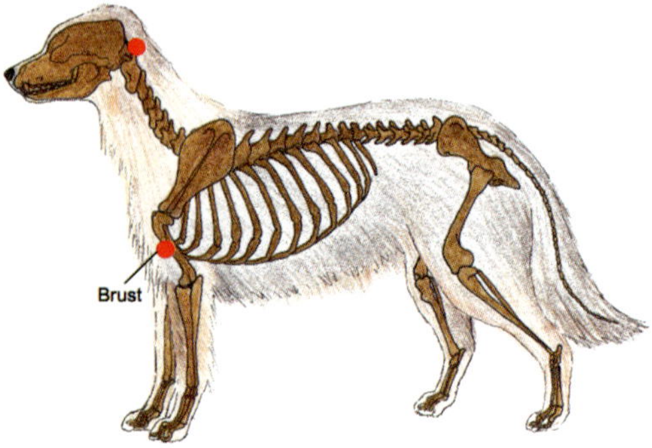

Bänder und Sehnen

Zur Stärkung von Bändern und Sehnen legen Sie eine Hand auf **SES 4** und die andere Hand auf **SES 22** der betroffenen Körperseite.

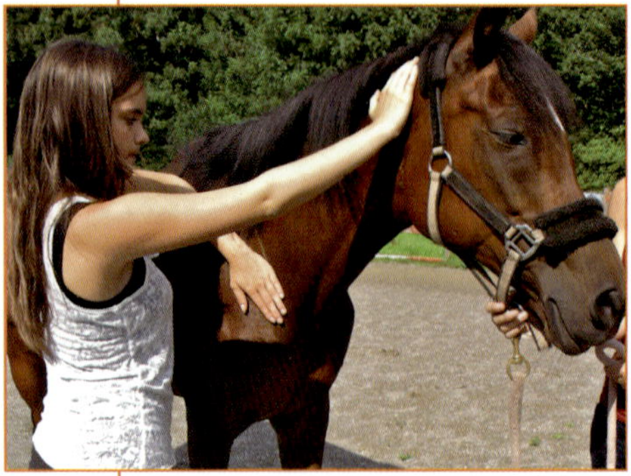

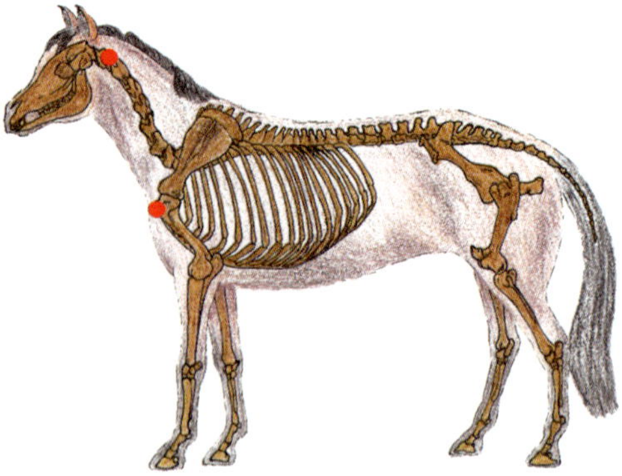

Blase

Bei allen Blasenthemen (z.B. Entzündung, Lähmung) harmonisieren Sie den **Blasenstrom** (S. 100ff.).

Oder machen Sie folgende Kurzgriffe:

Legen Sie eine Hand in die **Mitte der Halswirbelsäule** (zwischen beide SES 12) und die andere Hand ans **Steißbein**.

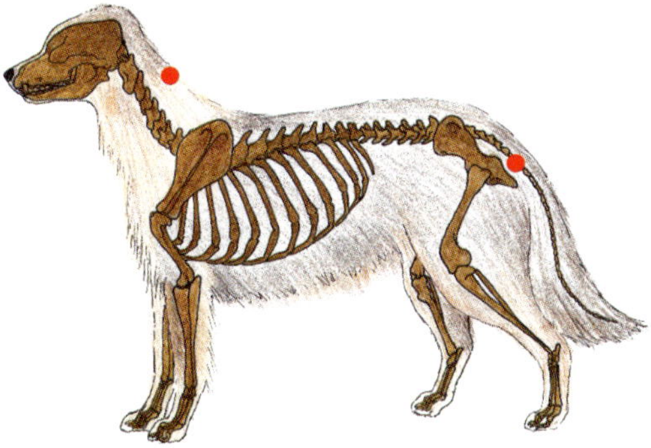

Oder legen Sie eine Hand auf **SES 4**, die andere Hand auf **SES 13**.

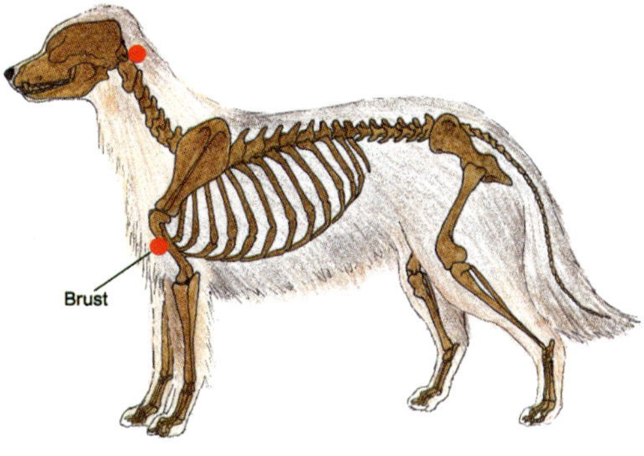

Darm und Magen

Zwei wichtige Energieschlösser für alle Magen- und Darmprojekte sind **SES 1** und **SES 8**.

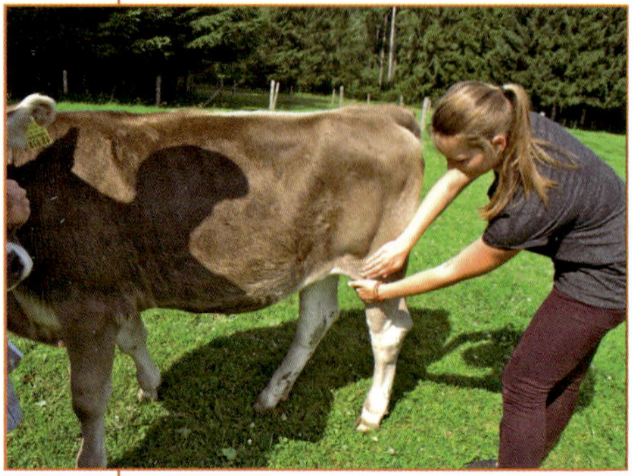

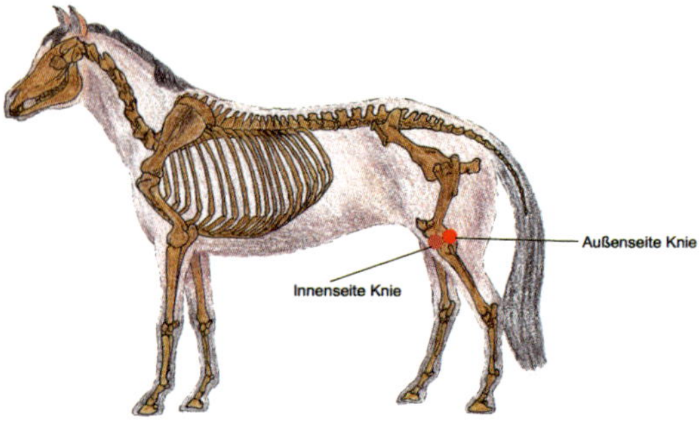

Zur **Beruhigung des Darmes** können Sie eine Hand auf **SES 1** und die andere Hand auf die **gegenüberliegende hohe 19** legen.

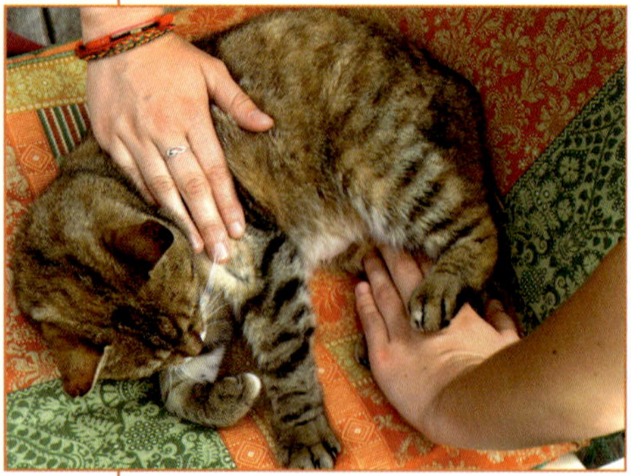

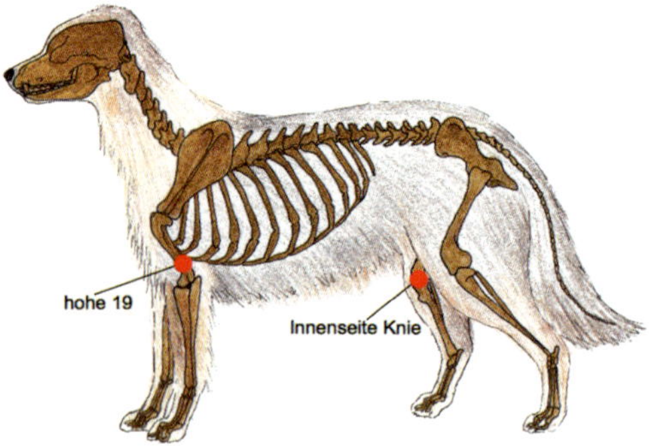

Bei **Magenbeschwerden** legen Sie eine Hand auf **SES 1**, die andere Hand auf **SES 14**.

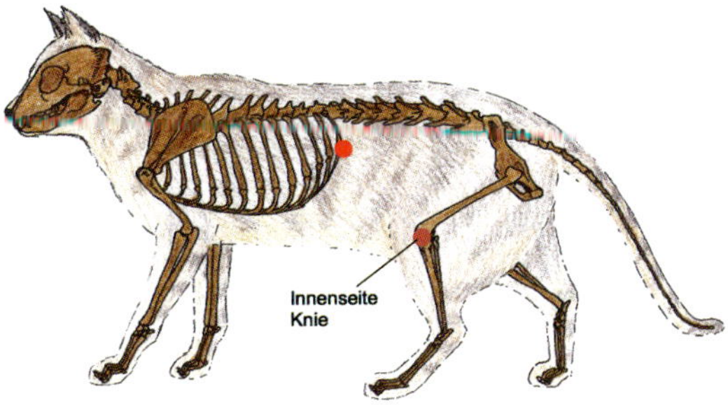

Harmonisieren Sie den **Magenstrom** (S. 90ff.).

Ekzeme

Halten Sie regelmäßig **SES 3** zusammen mit **SES 19**.

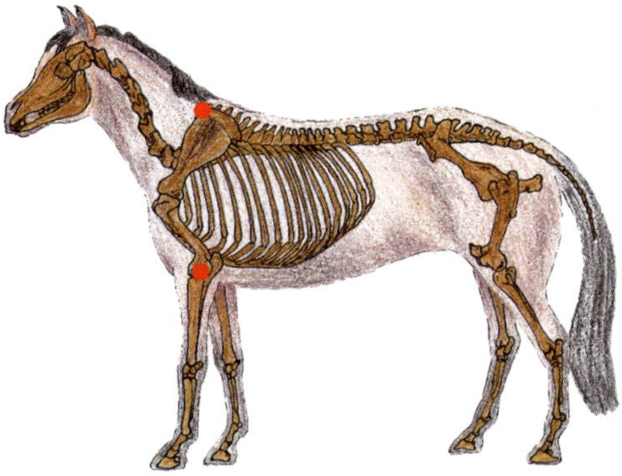

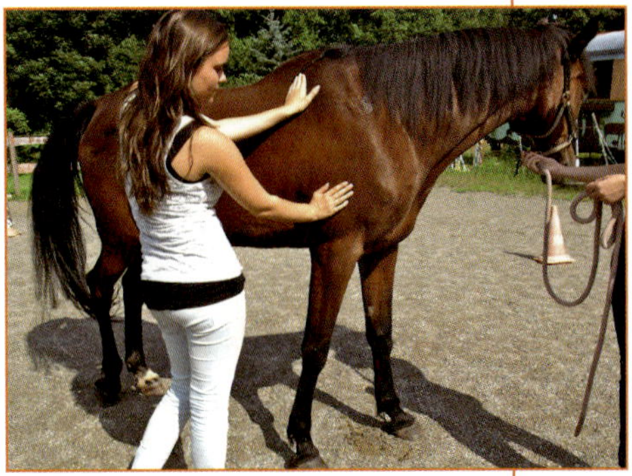

SES 3 und SES 4 zusammen geströmt lindern Juckreiz.

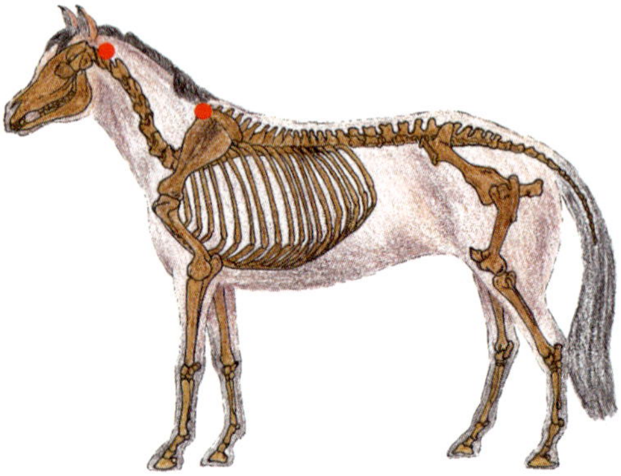

Harmonisieren Sie **Magenstrom** und **Milzstrom** – es sind die **„Hautspezialisten“**!

Entzündungen, Euterentzündung

Folgende Griffe unterstützen den Körper bei Entzündungen:
Legen Sie eine Hand auf **SES 8**, mit der anderne Hand halten Sie **SES 5 und 16** zusammen.

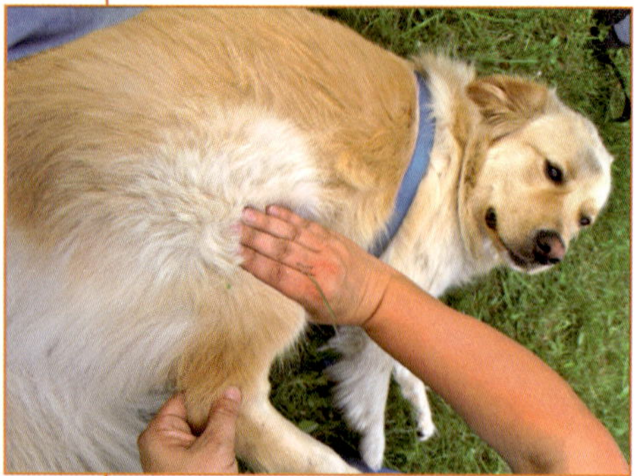

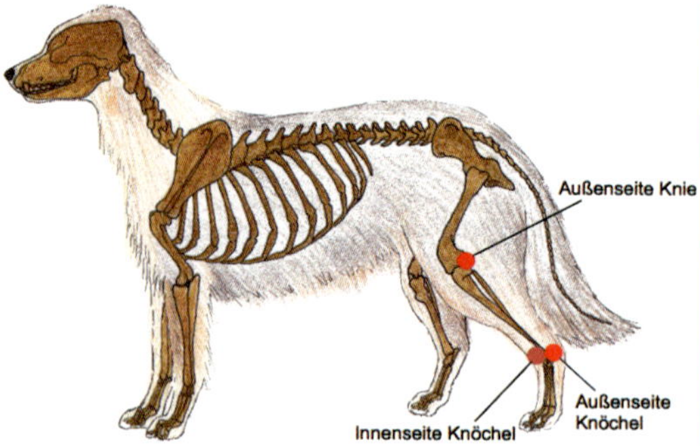

Wenn es bei großen Tieren schwierig ist, die 5 und die 16 zusammen zu halten, halten Sie die Punkte einfach hintereinander.
Oder legen Sie eine Hand auf **SES 3** und die andere Hand auf **SES 15**.

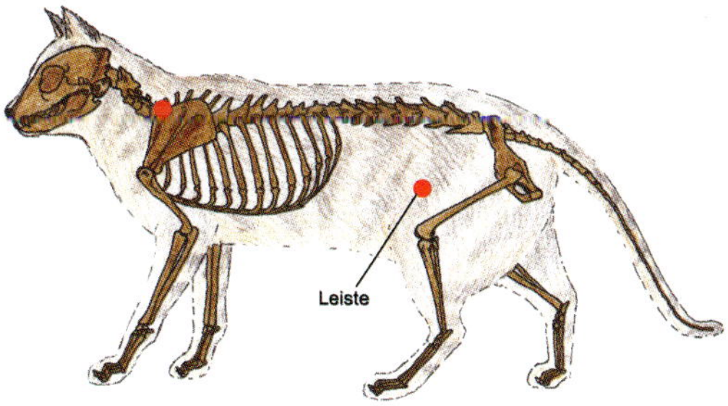

Erkältung, Bronchitis, Fieber

Um grippale Infekte zu lindern, legen Sie eine Hand auf **SES 3** und die andere Hand auf **SES 15** (S. 67).
Bei **Schnupfen** legen Sie eine Hand auf **SES 3**, die andere Hand auf **SES 11**.

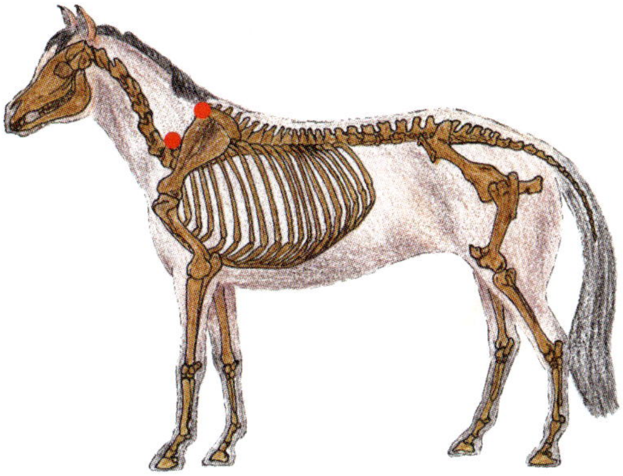

Oder halten Sie **beide SES 21** (S. 75).

Bei **Bronchitis** legen Sie eine Hand auf **SES 10**, die andere Hand auf **SES 13**.

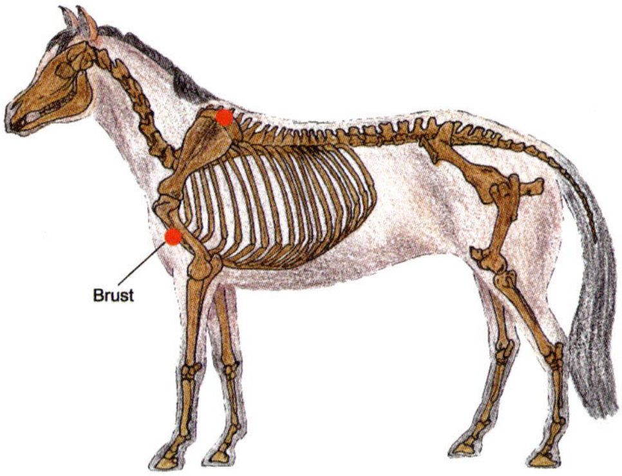

Gehirnerschütterung

Halten Sie **beide SES 4**

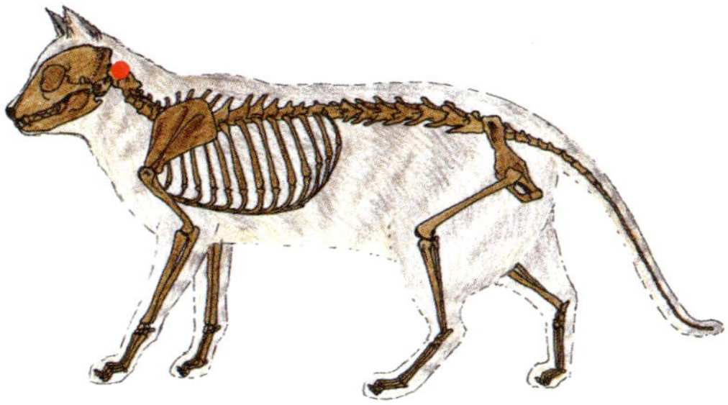

und anschließend **beide SES 7**.

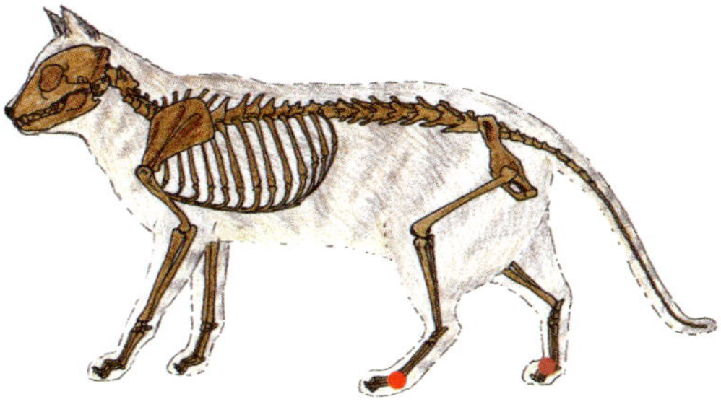

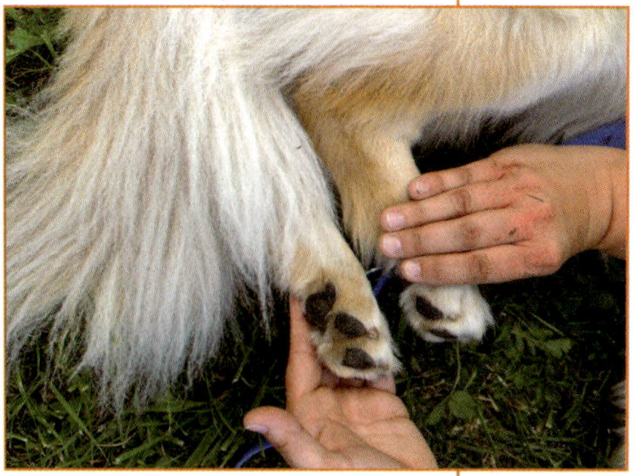

Gehör, Ohren

Der **Blasenstrom** (S. 100ff.) wirkt unterstützend und harmonisierend bei allem was mit Ohren und Gehör zu tun hat.
Folgende Kurzgriffe können Sie auch anwenden:
Halten Sie **SES 5** und **SES 16**.

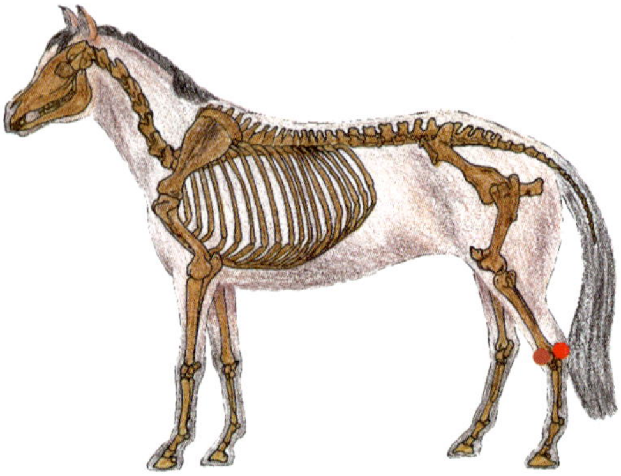

Halten Sie **SES 13** zusammen mit **SES 25**.

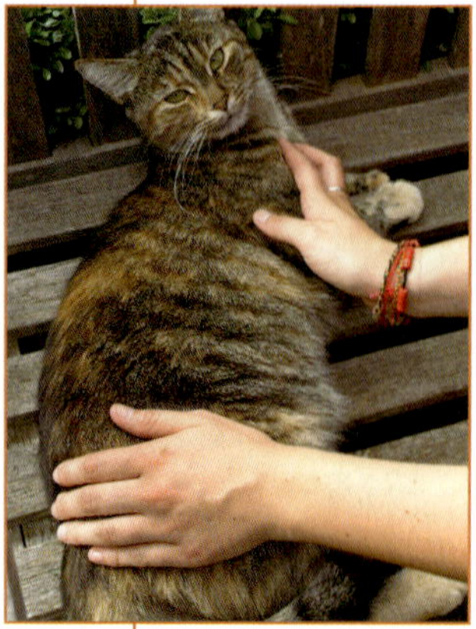

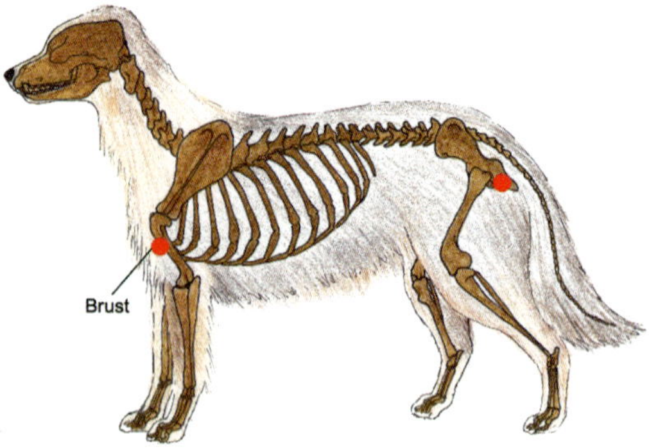

Halten Sie **SES 4** auf der Seite des betroffenen Ohres und das **gegenüberliegende SES 20**.

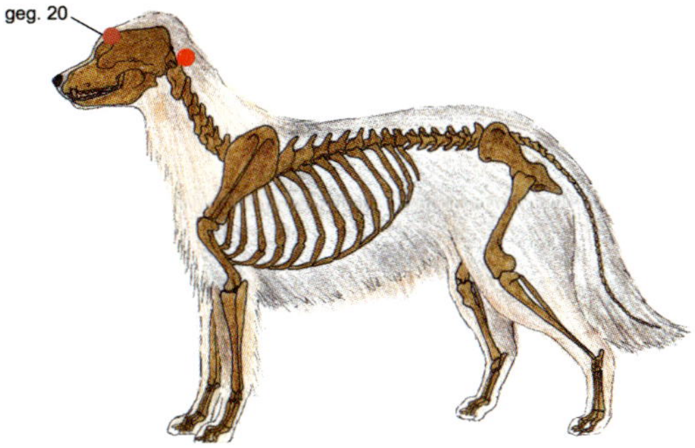

Gelenke, Arthrose

Legen Sie eine Hand auf **SES 8** und halten Sie mit der anderen Hand **SES 5 und SES 16 zusammen**.

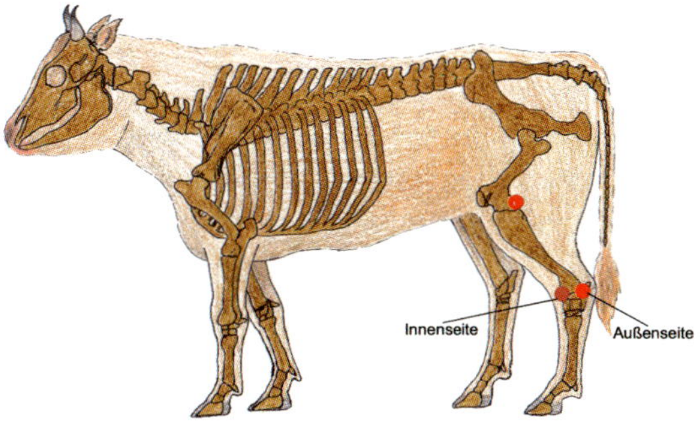

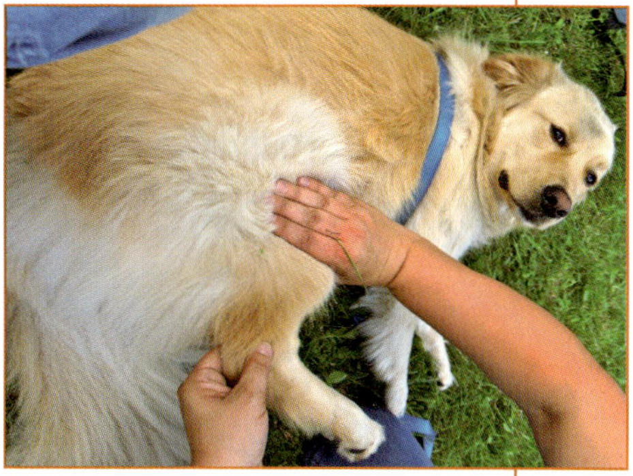

Wenn das bei großen Tieren nicht geht, halten Sie nur **SES 5** und **SES 16**.

SES 1 bringt Bewegung und Beweglichkeit. Sie können es gut zusammen mit der **hohen 19** halten.

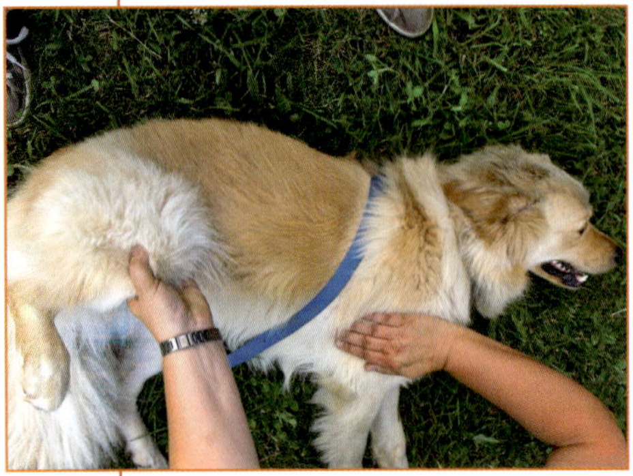

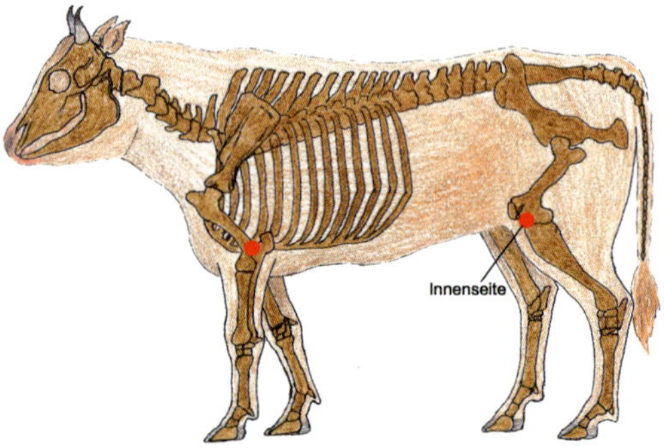

Haare, Fell, Haut

siehe Ekzeme (S. 123)

Hitzschlag, Sonnenstich

Die Erste-Hilfe-Griffe bei zu viel Sonne oder Hitze sind:

- Halten Sie **beide SES 4** (S. 46).
- Halten Sie **beide SES 7** (S. 50).

Bei **kleinen Tieren** können Sie **SES 4 und SES 7 zusammen** halten. Erst auf der einen Körperseite, dann auf der anderen.

Hüfte

Bei Hüftproblemen halten Sie **SES 2** und **SES 11** auf der betroffenen Seite

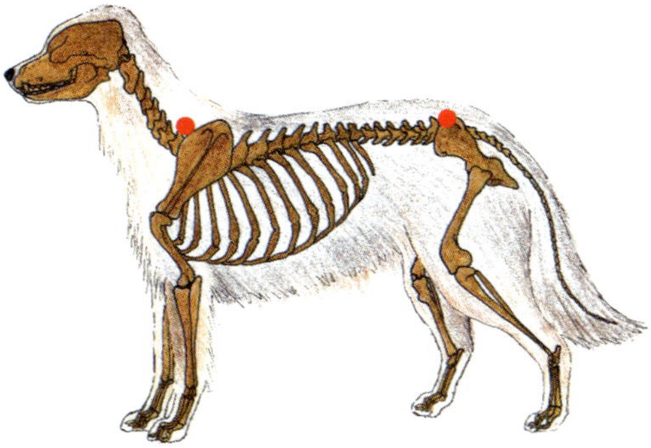

oder **SES 2** und **SES 15**.

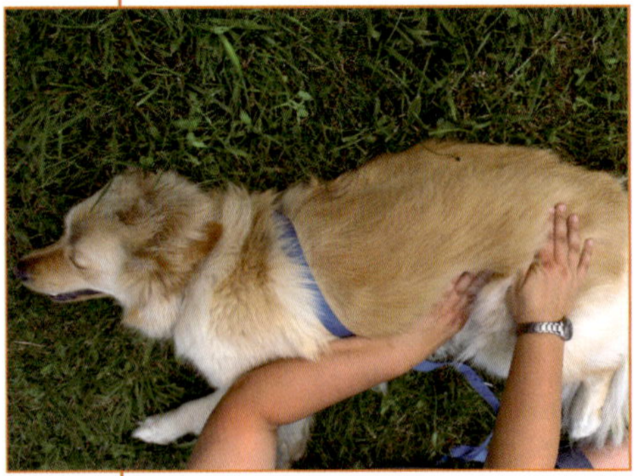

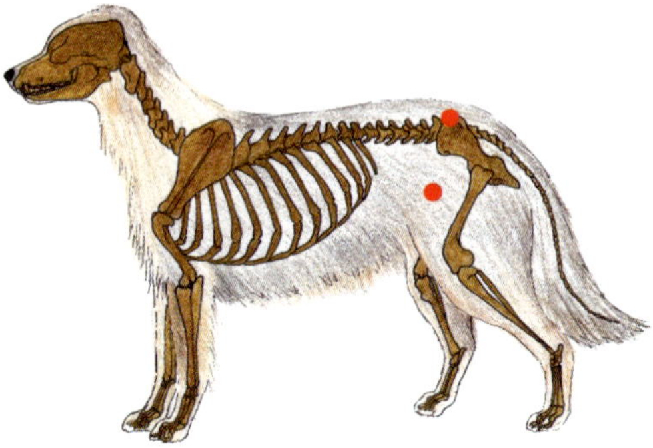

Huferkrankungen

Abszesse

Siehe S. 110.

Strahlfäule

Legen Sie eine Hand auf **SES 8**, mit der anderen Hand halten Sie **SES 5 und SES 16** zusammen. Wenn das nicht möglich ist, die beiden Energieschlösser zusammen zu halten, strömen Sie erst **SES 8** und **SES 5**, dann **SES 8** und **SES 16**.

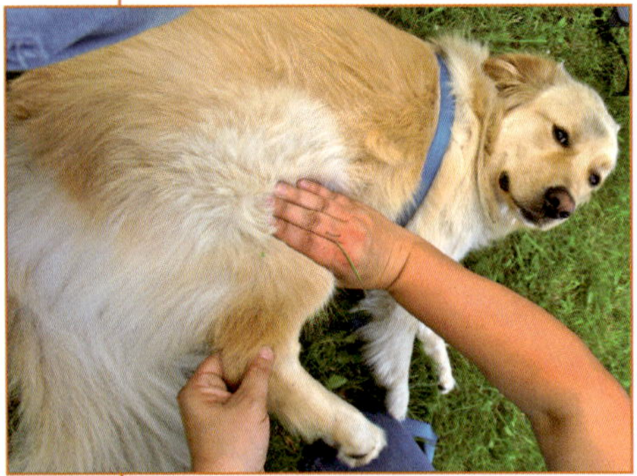

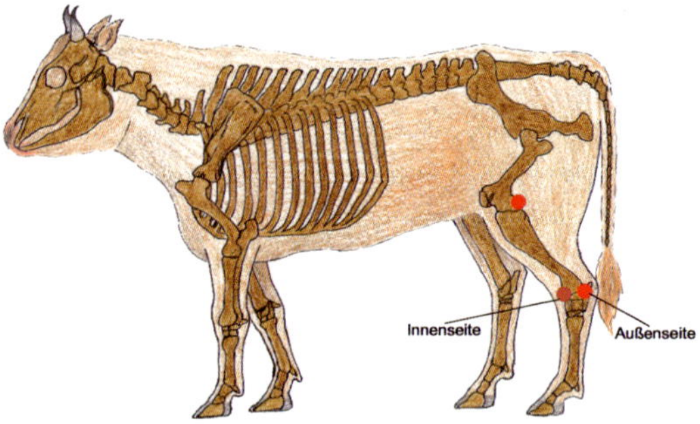

Hufrehe

Strömen Sie auf der betroffenen Körperseite:
Legen Sie eine Hand auf **SES 9**, die andere Hand auf **SES 17**

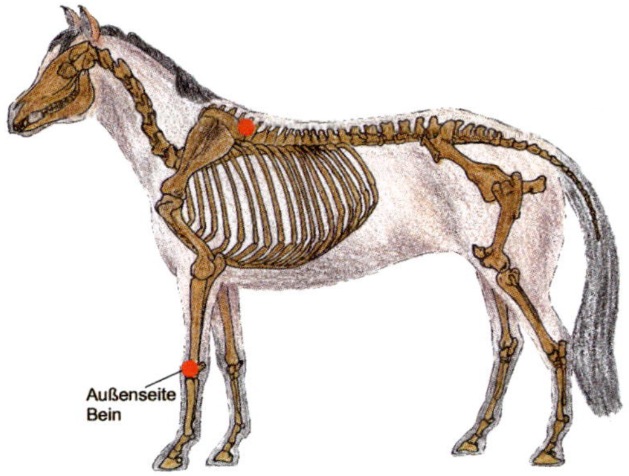

oder legen Sie eine Hand auf **SES 3**, die andere Hand auf **SES 15**.

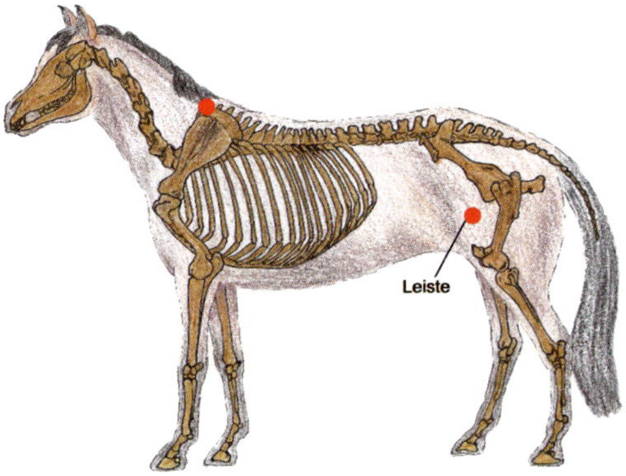

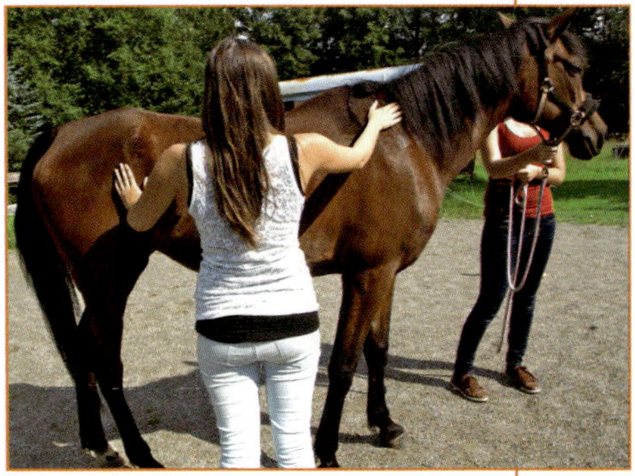

Eine etwas längere, aber sehr wirksame Strömfolge ist folgende:
Für die *linke Körperseite* legen Sie die *rechte Hand* auf das **linke SES 22**, die *linke Hand* nacheinander auf das **linke SES 11, SES 3, SES 10, SES 9**.

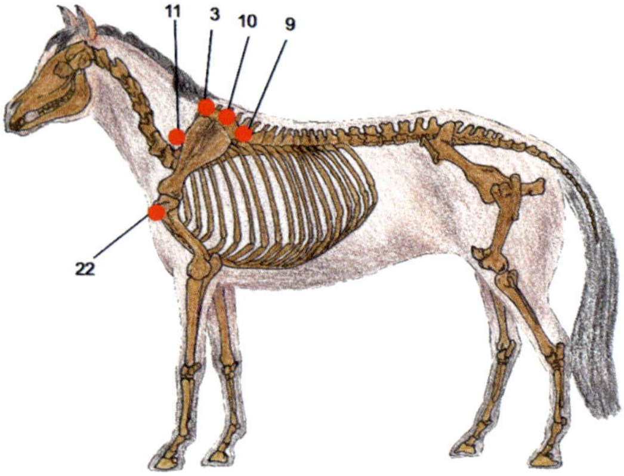

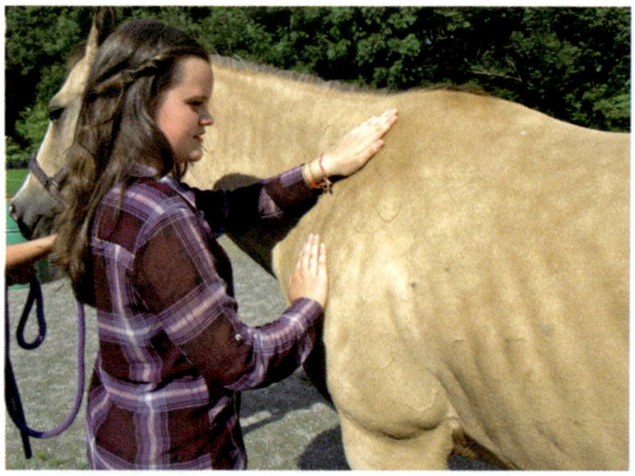

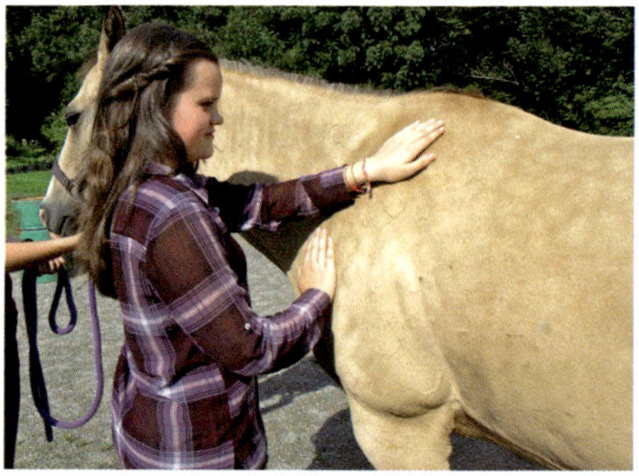

Dann legen Sie die *linke Hand* auf das **linke SES 22** und die *rechte Hand* nacheinander auf das **linke SES 14 und SES 1**.

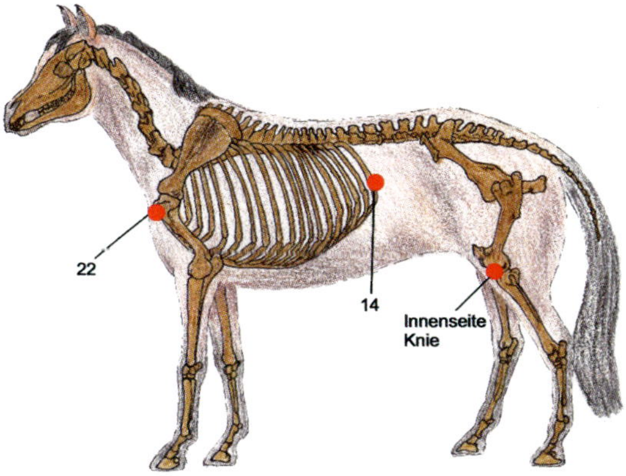

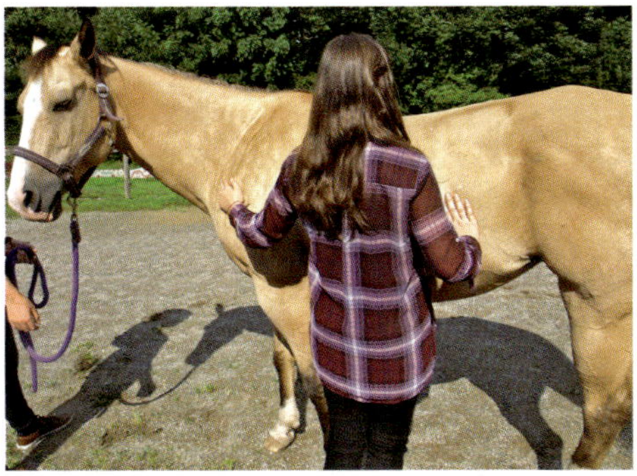

Für die andere Körperseite machen Sie die Griffe einfach umgekehrt.

Immunschwäche

Sobald Sie strömen, stärken Sie automatisch das Immunsystem und regen die Selbstheilungskräfte an. **Das wichtigste Energieschloss für ein intaktes Immunsystem ist SES 3.** Denn wenn SES 3 geöffnet ist und die Energie ungehindert hindurchfließen kann, können die Bakterien und Viren wieder aus dem Körper hinaus und müssen sich nicht festsetzen und Krankheiten auslösen. Bereits beginnende Infekte kann man, noch bevor sie richtig ausbrechen, auflösen, indem man SES 3 öffnet.

Dafür halten Sie **SES 3** am besten zusammen mit **SES 15** (S. 66).
Weitere Ströme harmonisieren das Immunsystem sehr effektiv und kraftvoll:

- ◊ der **Zentralstrom** (S. 31ff.)
- ◊ der **Milzstrom** (S. 85ff.)
- ◊ die **Betreuerströme** (S. 24f.)
- ◊ Halten Sie **SES 19** und die **hohe 19** zusammen:

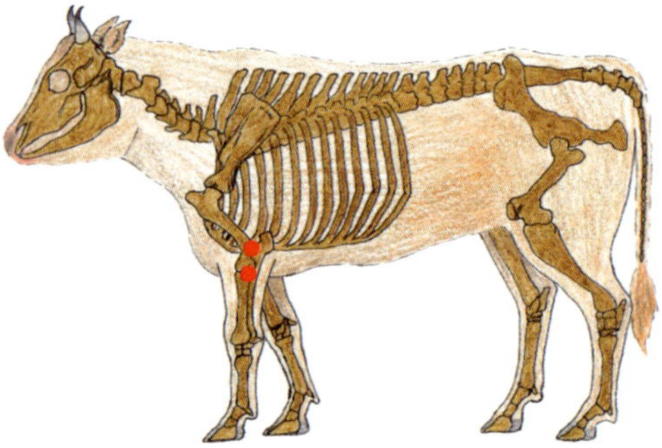

Knochenbrüche, Verletzungen

Ein wichtiges Energieschloss bei Verletzungen allgemein und speziell bei Knochenbrüchen ist **SES 15**. Es fördert die Heilung und lässt Knochen schneller wieder zusammenwachsen.
Legen Sie beide Hände in die **Leistenbeugen**:

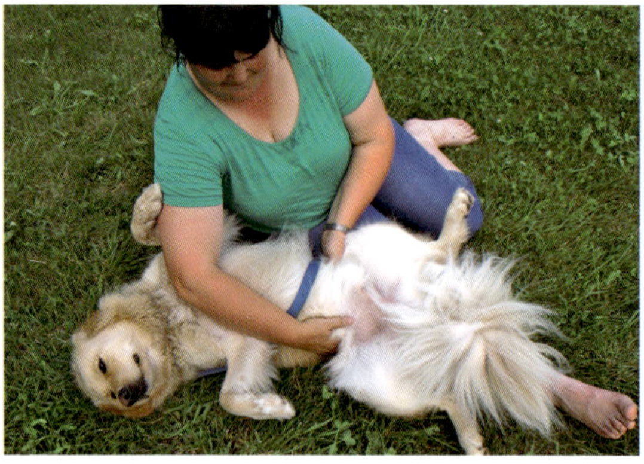

Sie können SES 15 gut mit SES 3 strömen,

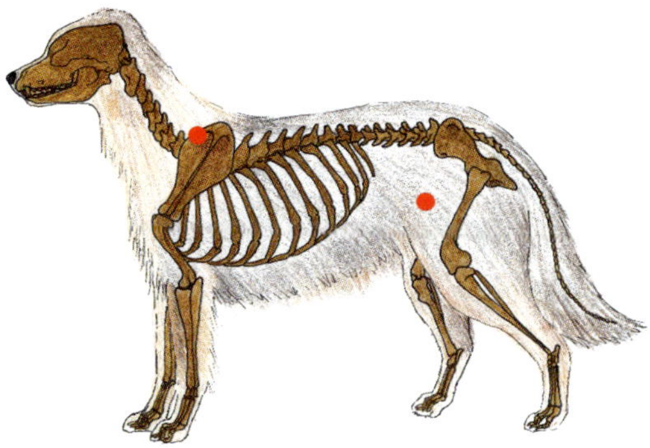

bei großen Tieren strömen Sie SES 15 mit SES 16.

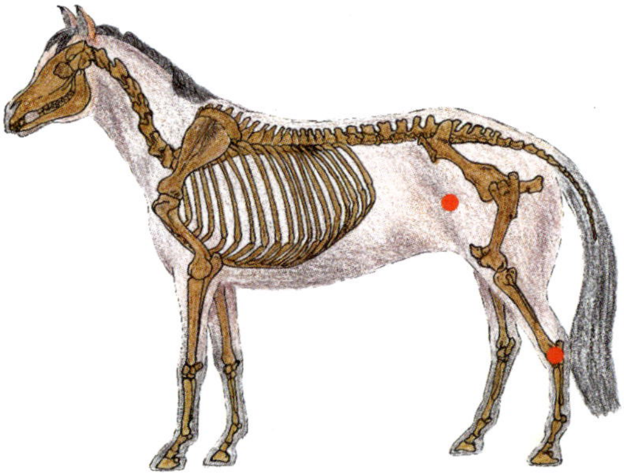

Koliken

Um Koliken zu lösen, legen Sie die Hände auf beide **SES 1**, an die **Innenseite der Kniegelenke an den Hinterbeinen**.

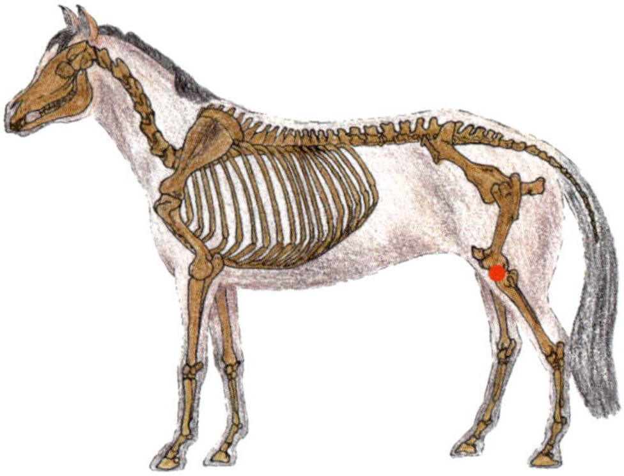

Pferde und Kühe können Sie gut zu zweit strömen:
Halten Sie jeweils die **hohe 1** und die **tiefe 8**, einer auf der rechten und einer auf der linken Seite des Tieres.

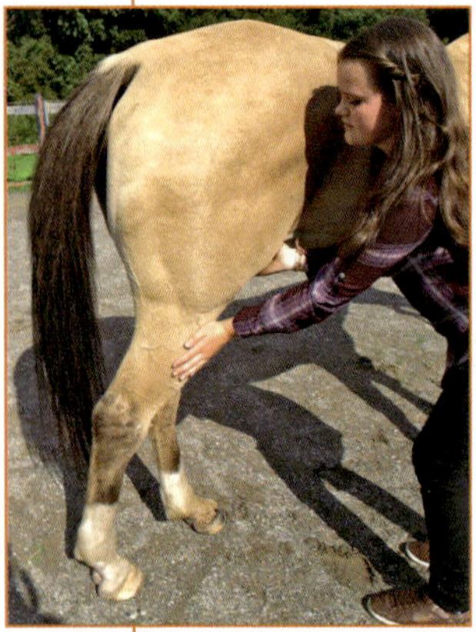

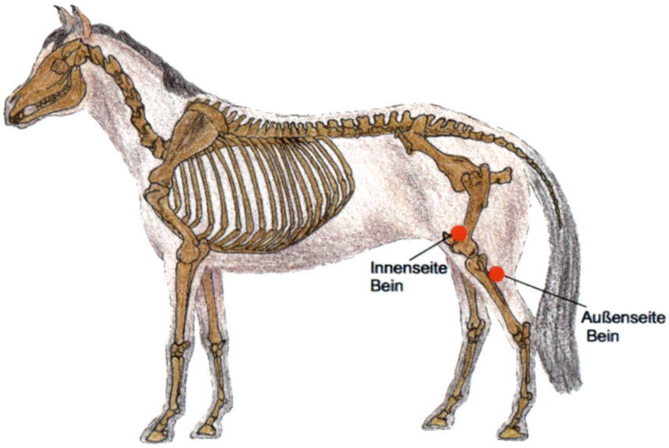

Lähmungen

Bei Lähmungen halten Sie nacheinander folgende Griffe:

1. Für die linke Körperseite: Stehen oder sitzen Sie links: Legen Sie die *rechte Hand* an das **linke SES 4** und die *linke Hand* auf das **linke SES 13**.

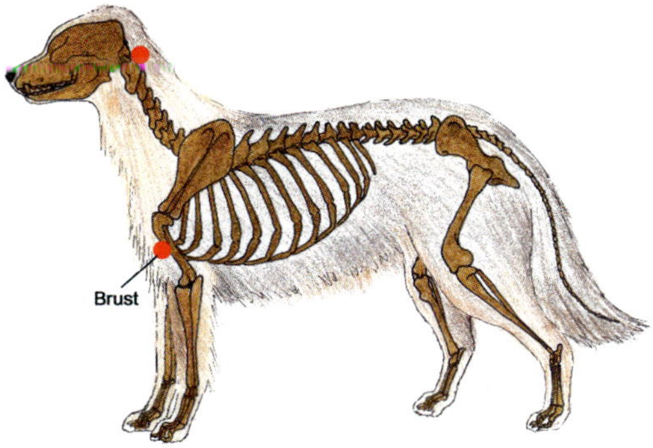

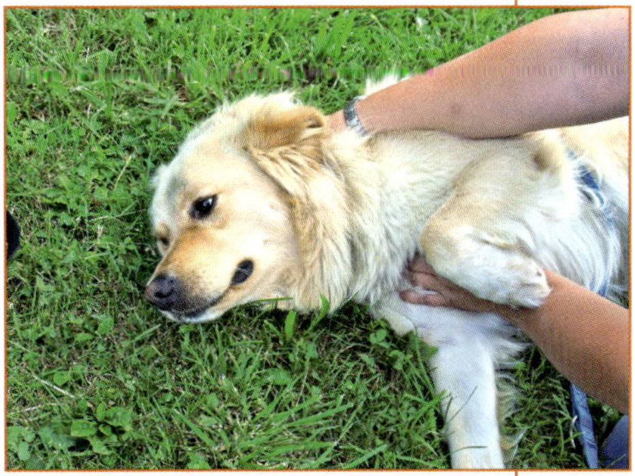

2. Dann legen Sie die *rechte Hand* an das **linke SES 16** und die *linke Hand* auf das **linke SES 15**.

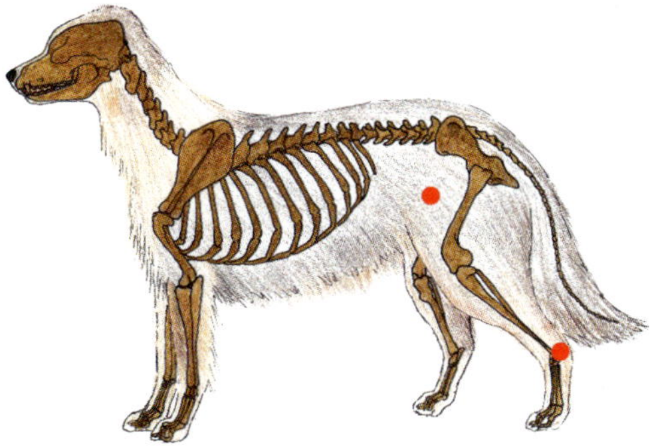

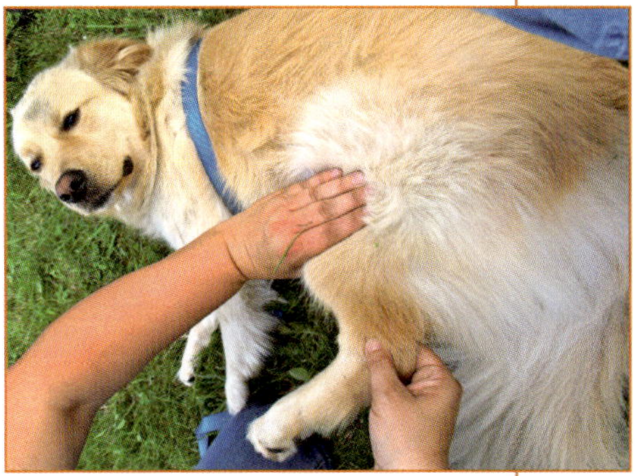

Für die rechte Körperseite umgekehrt:

1. Sitzen oder stehen Sie rechts: Legen Sie die *linke Hand* an das **rechte SES 4** und die *rechte Hand* auf das **rechte SES 13**.
2. Dann legen Sie die *linke Hand* an das **rechte SES 16** und die *rechte Hand* auf das **rechte SES 15**.

Mundgeruch

Strömen Sie **SES 21 und SES 22** zusammen, erst auf der einen und dann auf der anderen Körperseite.

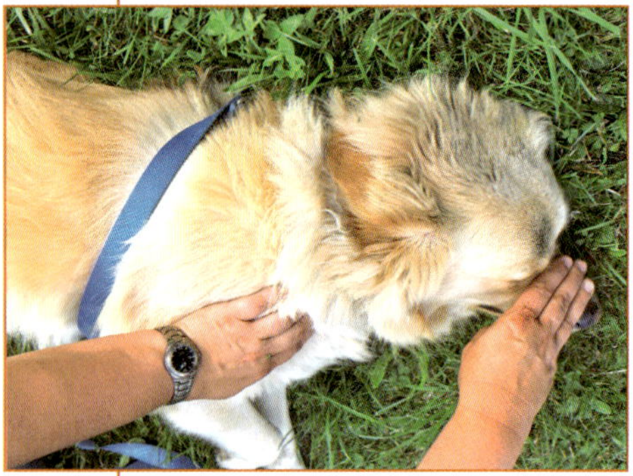

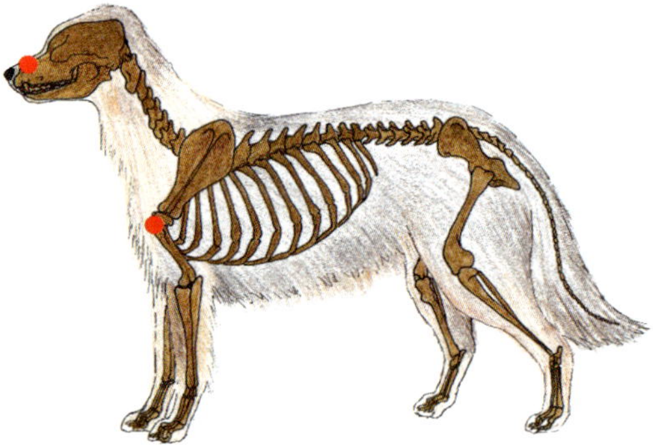

Muskeln

Folgende Griffe unterstützen die Muskulatur und helfen bei Muskelkater, Zerrungen, zu hohem oder zu niedrigem Muskeltonus, Muskelschmerzen etc:

Legen Sie eine Hand auf **SES 8**, mit der anderen Hand halten Sie **SES 5 und SES 16** zusammen.

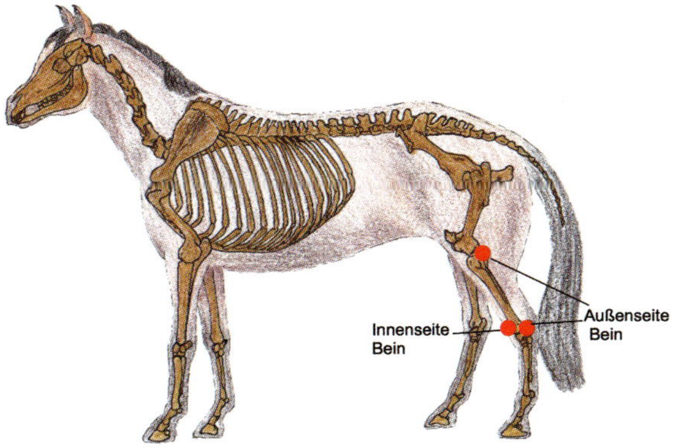

Wenn das bei großen Tieren nicht möglich ist, halten Sie erst **SES 8** und **SES 5** und anschließend **SES 8** und **SES 16**.

Legen Sie eine Hand auf **SES 4**, die andere Hand auf **SES 22** auf der gleichen Körperseite.

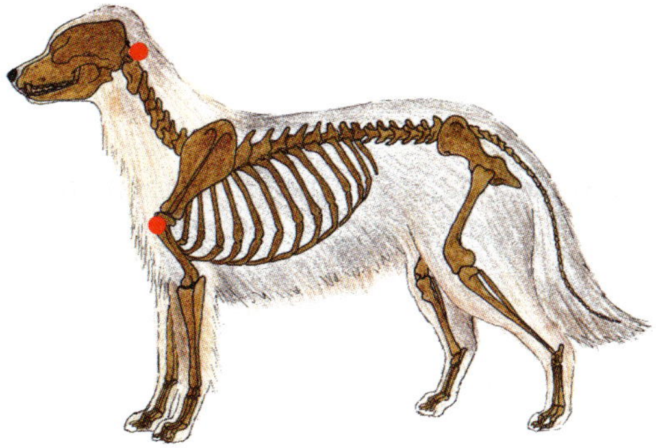

Nervosität, Schreckhaftigkeit

Sehr nervöse oder schreckhafte Tiere können Sie unterstützen, indem Sie **beide SES 1** halten (S. 42).
Oder legen Sie eine Hand auf **SES 21**, die andere Hand auf **SES 22**.

Oder legen Sie eine Hand auf **SES 23**, die andere Hand auf **SES 26**.

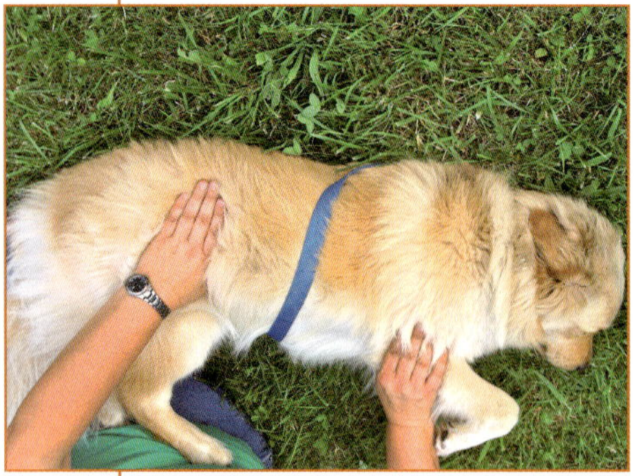

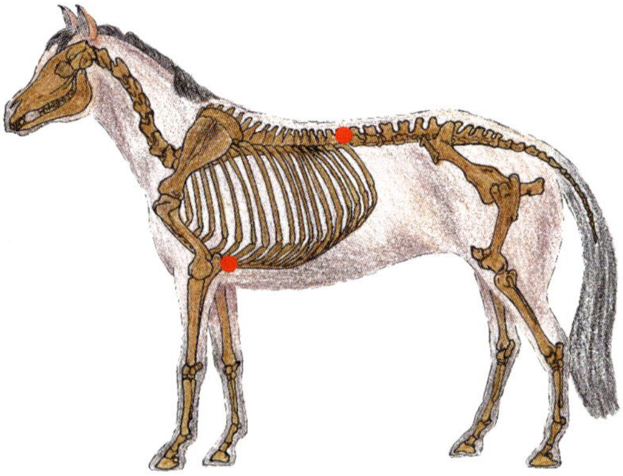

Oder machen Sie den **Zentralstrom** (S. 31ff.).

Operationen

Das wichtigste Energieschloss bei allen Opertionen ist **SES 15** (S. 66). Sie können es zur Vorbereitung auf die Operation und zur Verträglichkeit der Narkose vorher strömen, und nachher dann für die Heilung der Wunde.

Sie können **SES 15 zusammen mit SES 11** halten (S. 60).

Nach der Narkose, um die Nebenwirkungen zu lindern und auch um dem Tier zu helfen, wieder sanft zu Bewusstsein zu kommen, können sie beide **SES 4** (S. 46) halten.

Parasiten/Zecken

Wenn Ihr Tier Parasiten magisch anzuziehen scheint oder einfach öfter ein Problem damit hat, halten Sie regelmäßig **SES 3 und SES 19** zusammen, erst auf der einen, dann auf der anderen Körperseite.

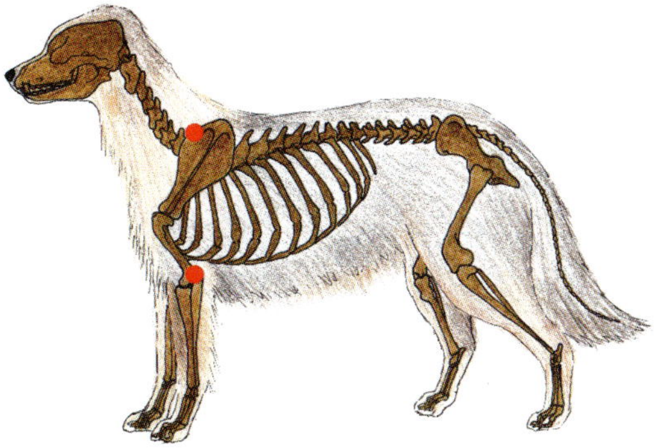

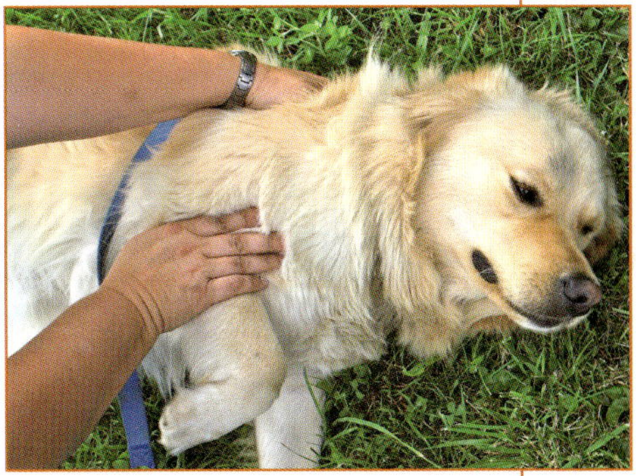

Scheinträchtigkeit

Halten Sie **SES 10 und SES 13** zusammen, erst auf der einen und dann auf der anderen Körperseite.

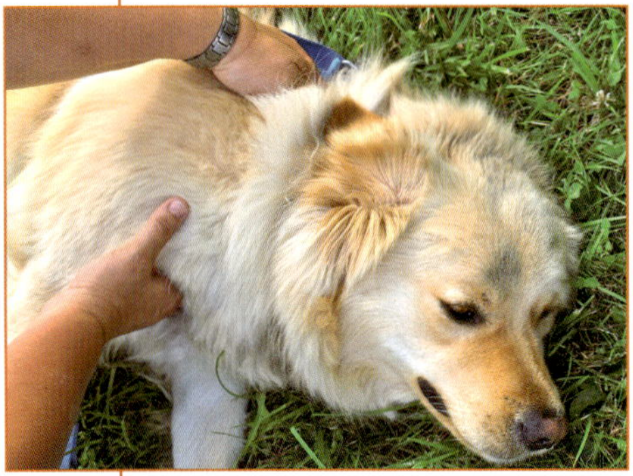

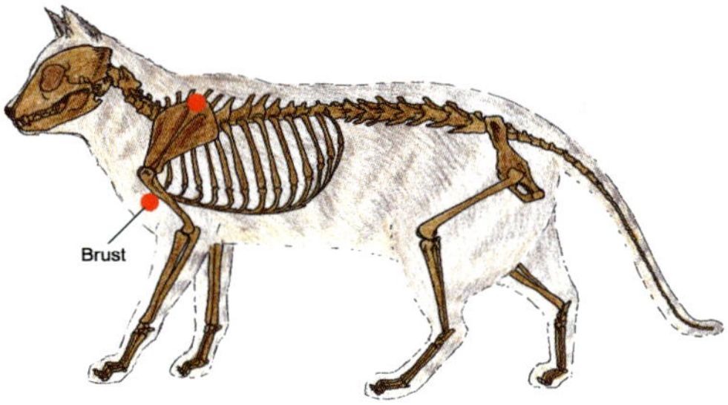

Schmerzen

Bei aller Art von Schmerzen können Sie zur Linderung den Jin-Shin-Jyutsu-Schmerzgriff anwenden:
Legen Sie eine Hand auf **SES 8**, mit der anderen Hand halten Sie **SES 5 und SES 16** zusammen (vgl. S. 141).
Wenn das bei großen Tieren nicht möglich ist, halten Sie einfach **SES 5** mit der einen Hand und **SES 16** mit der andern Hand.

Sterbehilfe

Wenn Sie Ihrem Tier Sterbehilfe leisten wollen, legen Sie die Hände auf beide **SES 4** (S. 46).
SES 4 ist ein wichtiges Energieschloss bei allen Übergängen.
Man sagt auch, es „stoppt das Sterben, wenn es noch nicht dran ist", und Sterbenden hilft es, gehen zu können.

Sturheit

Wenn Ihr Tier sehr stur ist, halten Sie regelmäßig **SES 11** zusammen mit **SES 15**.

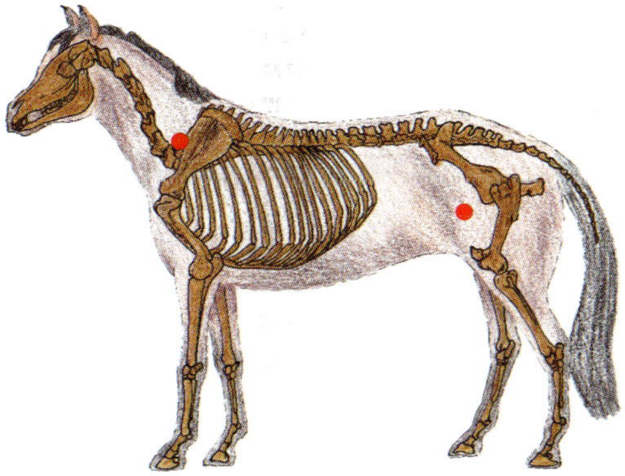

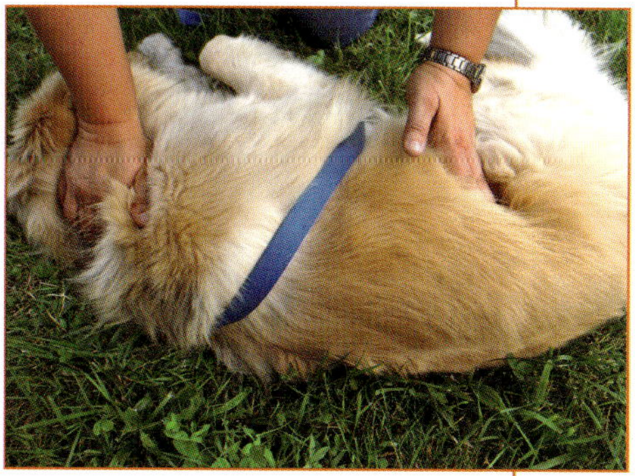

Trächtigkeit

SES 8 (S. 52) macht das Becken weich für die Geburt und öffnet den Geburtskanal.

Auch **SES 22** (S. 77) bereitet den Körper auf die Geburt vor. Es ist ein wichtiges Energieschloss, um sich an die neue Situation (die Trächtigkeit, die Geburt und die Zeit danach) zu gewöhnen.

Wenn Sie Ihr Tier während der Geburt unterstützen müssen, können Sie folgende Griffe anwenden:

◊ **SES 13** zusammen mit **SES 4** entspannt und fördert eine *zügige Geburt*.

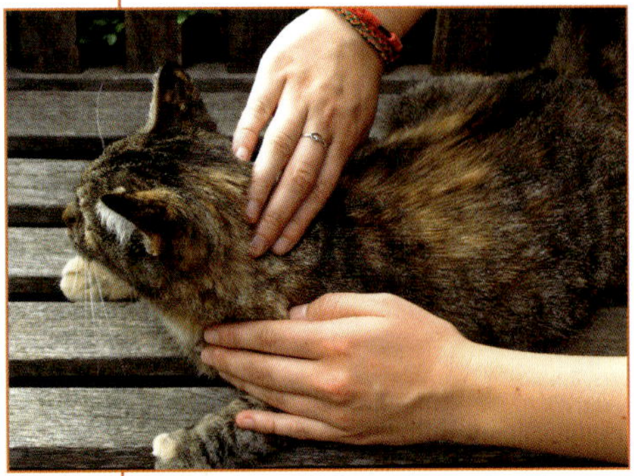

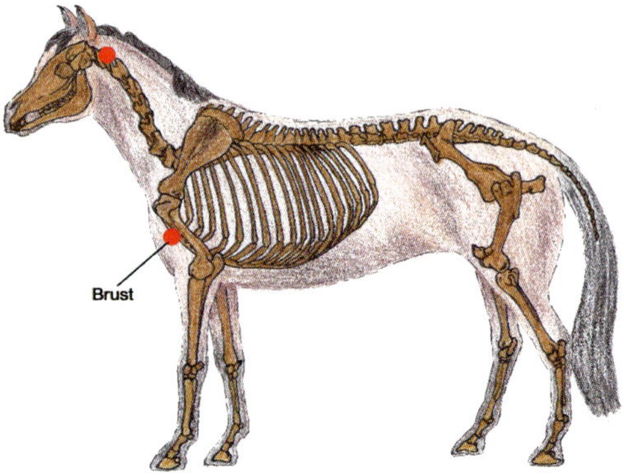

◊ Zur *allgemeinen Geburtsunterstützung und Unterstützung der Wehen* legen Sie eine Hand an **SES 8** (egal, welche Körperseite) und legen Sie die andere Hand in den **Kreuzbeinbereich**.

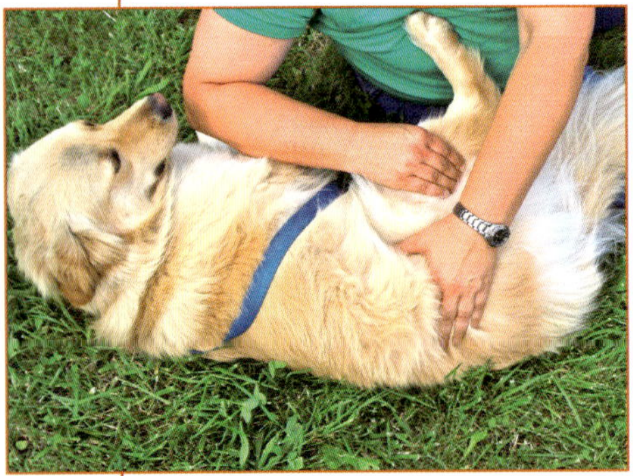

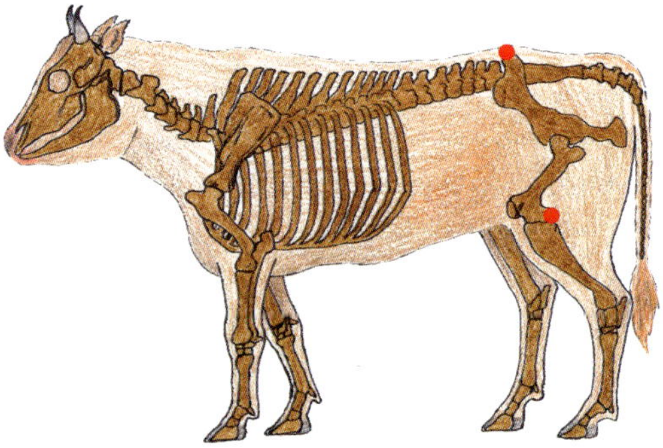

◊ **SES 1** (S. 42) *bringt in Bewegung.*

◊ **SES 5** zusammen mit **SES 16** *lindern die Schmerzen.*

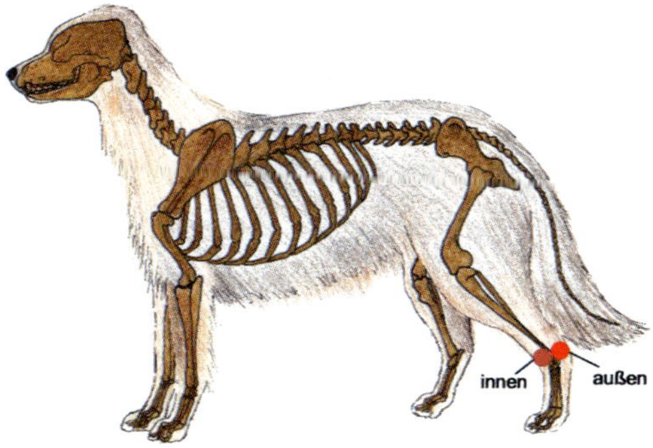

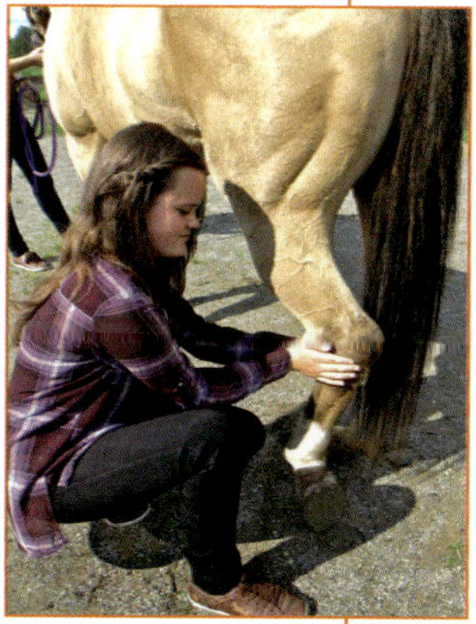

◊ Wenn es bei der Geburt *Probleme* gibt, es zu schnell geht oder stagniert, halten Sie **SES 20** und **SES 21**

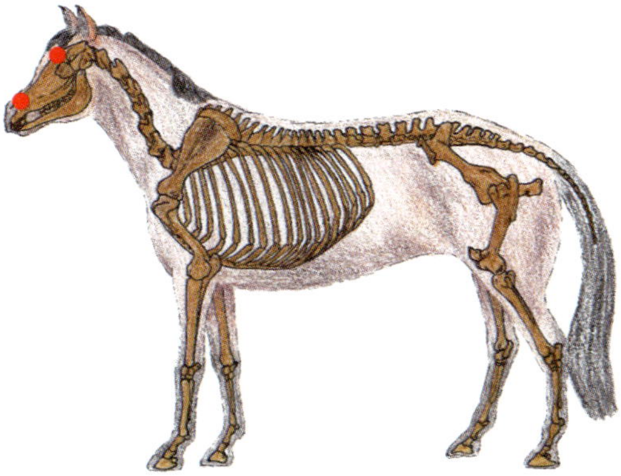

oder **SES 20** und **SES 22**.

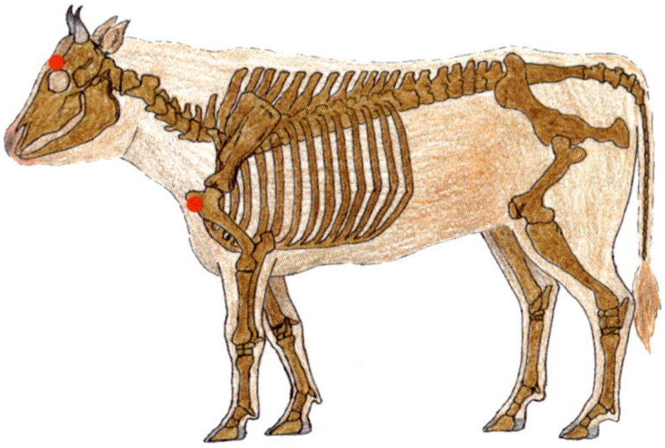

- Wenn das Neugeborene *Probleme mit der Atmung* hat, halten Sie beide **SES 4** (S. 46).

Traumata

Wenn Traumata bestehen, können Sie Ihr Tier folgendermaßen unterstützen und stärken:

- Legen Sie eine Hand auf **SES 4**, die andere Hand auf das **gegenüberliegende SES 22**.

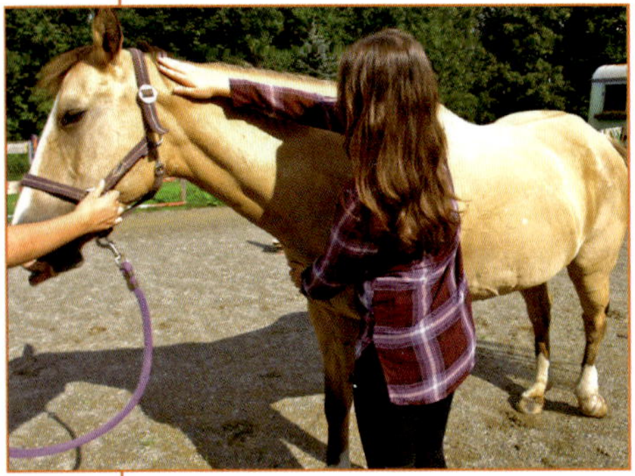

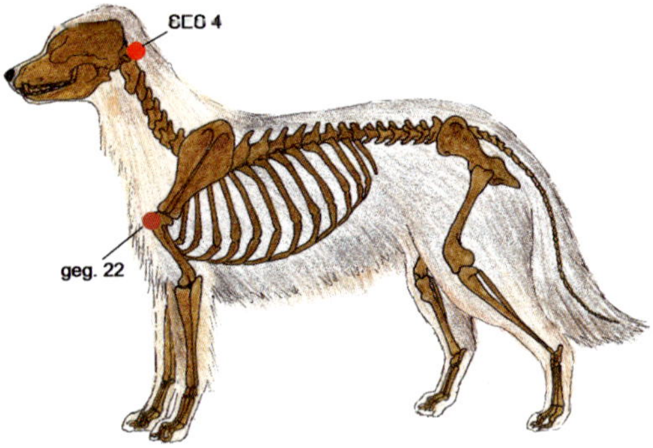

◊ Legen Sie eine Hand auf **SES 10**, die andere Hand auf **SES 13**.

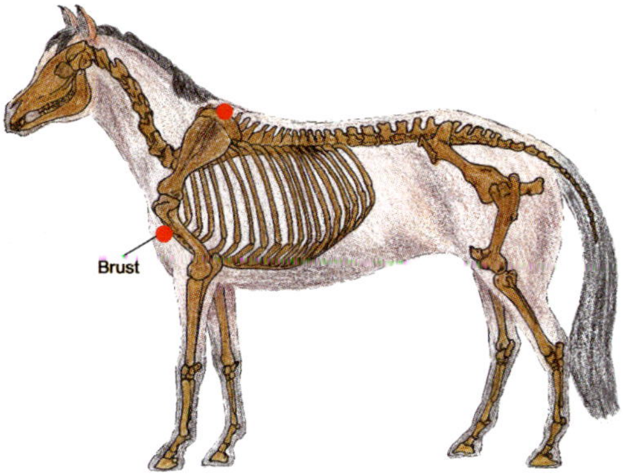

Überanstrengung

Wenn sich Ihr Tier überanstrengt hat, halten Sie beide **SES 24** (S. 80).
Oder *bei kleineren Tieren* können Sie auch die eine Hand auf **SES 20** legen, die andere Hand auf das **gegenüberliegende SES 18**.

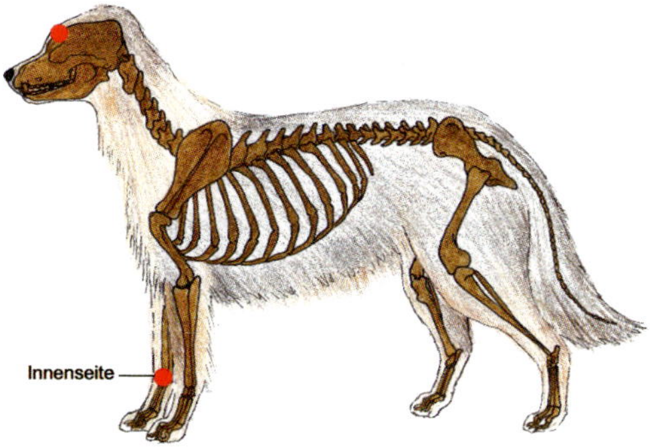

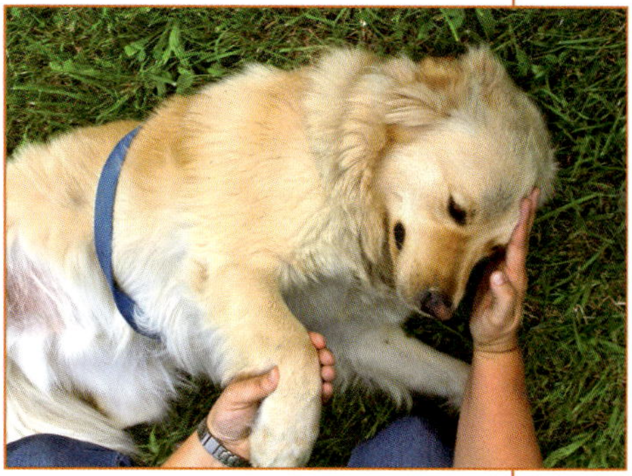

Verbrennungen

Um Verbrennungen zu lindern, legen Sie beide **Hände nebeneinander** auf oder knapp über die Brandwunde.

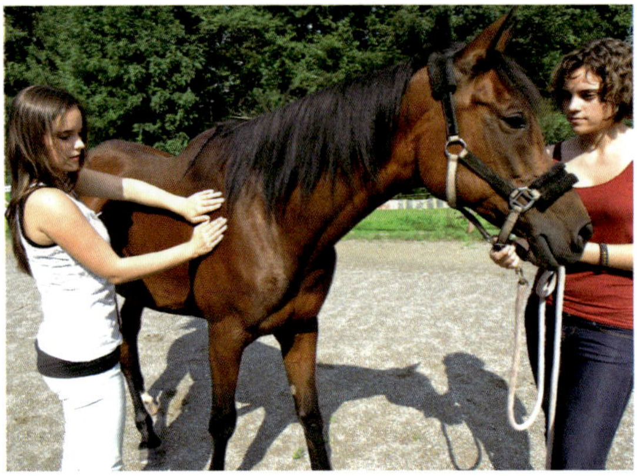

Oder legen Sie eine Hand auf **SES 8**, die andere Hand auf die **tiefe 8**.

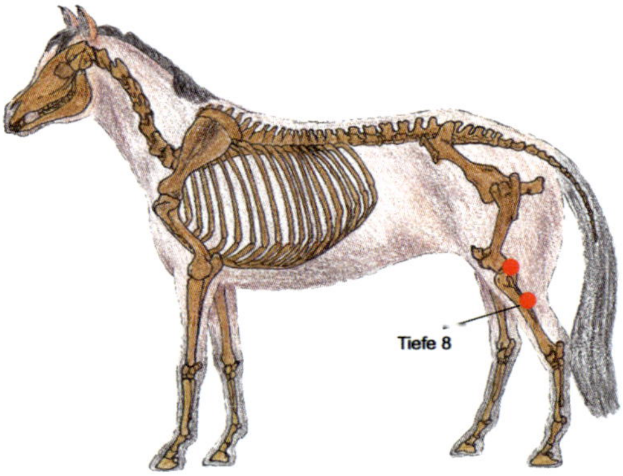

Vergiftung

Wenn etwas schnell aus dem Körper raus muss, halten Sie **beide SES 1** (S. 42).

Wunden

Bei *blutenden Wunden* legen Sie die **rechte Hand auf die Wunde** und die **linke Hand auf die rechte Hand**. Das kann man mit mehreren Personen auch als Händeberg machen: Die zweite Person legt dabei die rechte Hand auf die linke Hand der ersten Person und die linke Hand darüber usw.

Die rechte Hand zuerst aufgelegt hält im Körper, was im Körper bleiben muss.
Bei *eiternden Wunden* legen Sie die **linke Hand auf die Wunde** oder die entzündete Stelle und dann die **rechte Hand auf die linke Hand**. Das kann man ebenfalls als Händeberg machen.
Die linke Hand zuerst aufgelegt zieht aus dem Körper, was heraus muss.

Verstauchung, Probleme mit Sprungelenk

Bei Verstauchungen oder anderen Problemen mit dem Sprunggelenk halten Sie das **gegenüberliegende SES 17** (S. 69).

Zähne/ Zahnfleisch

Für alles, was mit Zähnen, Zahnfleisch und Kiefer zu tun hat, legen Sie eine Hand auf das **SES 8**, die andere Hand auf **SES 16 – auf der der betroffenen Seite gegenüberliegenden Seite**.

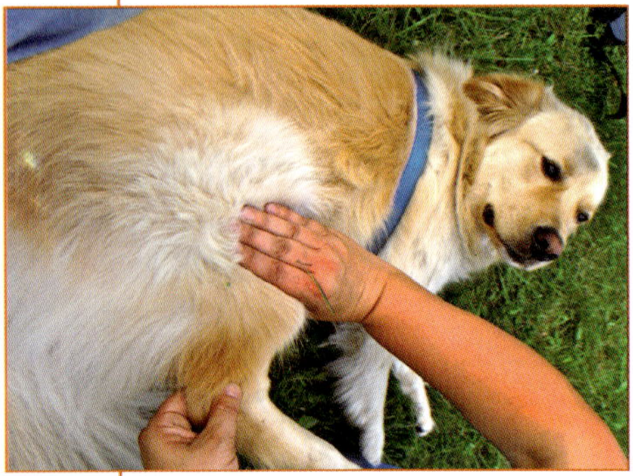

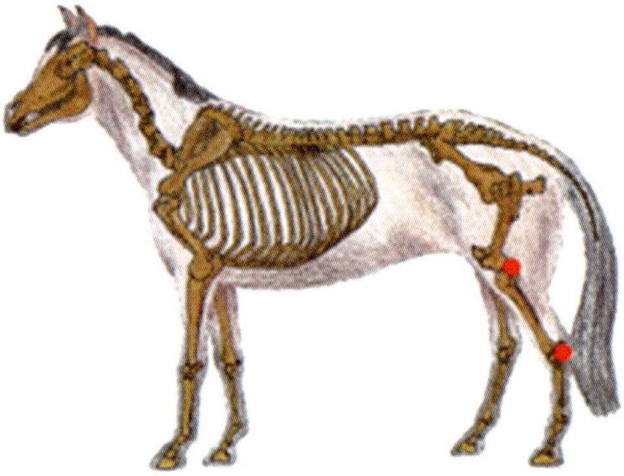

Nachwort

Jin Shin Jyutsu ist eine wunderbare Heilkunst für Mensch und Tier. Es ist eine sehr einfache Methode, die jeder anwenden kann und die immer guttut. Sie können nichts falsch machen. Sie fügen weder etwas hinzu, noch nehmen Sie etwas weg. Sie geben einfach nur der Lebensenergie Starthilfe – dass sie wieder ungehindert fließen kann. Durch das Auflegen der Hände auf die jeweiligen Energieschlösser nehmen Sie Kontakt auf zu dem ewigen Srom des Lebens, der in jedem von uns und in unseren Tieren fließt, solange wir am Leben sind. Und durch diese Kontaktaufnahme stärken Sie eben diesen Strom, und so kann Heilung auf allen Ebenen stattfinden. Manchmal braucht es ein wenig Geduld, bis Veränderungen deutlich werden, manchmal geht es verblüffend schnell.

Wenn Sie bisher zwar Ihre Tiere strömten, aber nicht sich selbst, probieren Sie es einmal an sich selbst aus und erleben Sie, wie sich alte, verhärtete Muster und Einstellungen lösen und wie Freude, Vitalität und Gesundheit in Ihr Leben einziehen.

*„Durch **Jin Shin Jyutsu** werden wir uns der Tatsache bewusst, dass wir alles, was wir zu Harmonie und Gleichgewicht (d.h. Einklang mit dem Universum) in Körper, Geist, Seele, Gefühlen und Verdauung brauchen, SELBST besitzen. Dieses Bewusstsein lässt ein Gefühl vollkommenen inneren Friedens, von Gleichmut, Sicherheit und Einheit aufkommen, das mir nichts und niemand nehmen kann. Unsere Ängste, Grundlagen aller Disharmonie, lösen sich eine nach der anderen auf, alle unnötigen Bürden fallen von unseren Schultern ab und machen völliger innerer und äußerer Harmonie Platz."*

Mary Burmeister

Register

Literatur

Burmeister, Mary: *What Mary says.* J.S.J.Inc., Scottsdale, Arizona 1997

Burmeister, Mary: *Einführung in Jin Shin Jyutsu. Bd. 1 – 3.* Raphael Verlag, Bonn 1990

Burmeister, Mary: *Text 1 und Text 2.* Raphaelverlag, Bonn 1998

Burmeister Alice: *Heilende Berührung.* Knaur, München 2000

Fahrnow, Ilse-Maria: *Jin Shin Jyutsu – Die Heilkraft Ihrer Hände.* Knaur , München 2002

Fahrnow, Ilse-Maria: *Mehr Energie mit Jin Shin Jyutsu.* Südwest Verlag, München 2012

Leas, Adele: *Jin Shin Jyutsu for your animal companion.* Eigenverlag, New Orleans, Lousianna, 2004

Rieger-Krause, Waltraud: *Jin Shin Jyutsu, Einfache Anwendung zur Selbsthilfe.* Südwest Verlag, München 2005

Rieger-Krause, Waltraud: *Jin Shin Jyutsu.* Südwest Verlag, München 2005

Stümpfig-Rüdisser, Tina: *Meine Hände helfen und heilen.* Verlag Via Nova, Petersberg 2008

Stümpfig-Rüdisser, Tina: *Jin Shin Jyutsu – Die Heilkraft liegt in Dir.* Verlag Via Nova, Petersberg 2009

Stümpfig-Rüdisser, Tina: *Lebensquell Jin Shin Jyutsu.* Verlag Via Nova, Petersberg 2010

Stümpfig-Rüdisser, Tina: *Jin Shin Jyutsu – Das Powerprogramm für Kinder und Jugendliche.* Verlag Via Nova, Petersberg 2011

Stümpfig-Rüdisser, Tina: *Jin Shin Jyutsu – Die Kunst des Heilströmens erlernen.* Verlag Via Nova, Petersberg 2013

Dank

Ich danke Jiro Murai und Mary Burmeister für die Wiederentdeckung und Weitervermittlung des Jin Shin Jyutsu und all den Lehrern, die dieses Wissen weitertragen.

Ich danke meinen wunderbaren Töchtern Jana, Mira, Samaya und Lucia für die Unterstützung und die Fotosessions.

Danke, Mira, für die Zeichnungen der Abbildungen.

Ich danke Ronja, Sonja, Moni und Markus für die Möglichkeit, bei und mit Ihnen die Tierfotos zu machen.

Ich danke den Tieren Mirkosch, Luna, Marienkäfer, Knut, Shila, Hila, Meggie und den Kühen für das „Modellstehen“.

Ich danke allen, die mich in meiner Arbeit begleiten, ermutigen und inspirieren.

Informationen

Informationen zu Seminaren und Kursen der Autorin erhalten Sie unter www.heilstroemen-quantenheilung.de oder per mail: tina@freedom-net.de.

Weitere Informationen über Jin Shin Jyutsu sowie Therapeuten und Seminare in Ihrer Nähe können Sie erfragen beim Jin-Shin-Jyutsu-Europabüro:

Klaus-Rainer Bösch
Quirinstr. 30
53129 Bonn
Tel.: 0049/(0)228/234598
Fax: 0049/(0)228/239404
E-Mail: JSJRaphael@aol.com

Weitere Bücher aus dem Verlag Via Nova:

Meine Hände helfen und heilen

Jin Shin Jyutsu®
Selbsthilfe für Kinder und Jugendliche
Tina Stümpfig-Rüdisser

2. Auflage

Paperback, 120 Seiten, über 100 vierfarbige Fotos, ISBN 978-3-86616-116-0

Wenn die Energie frei im Körper fließt, fühlt sich der Mensch gesund und wohl. Energieblockaden können zu Missstimmungen, Ängsten oder Konzentrationsschwächen führen, aber auch zu organischen Störungen und Krankheiten. Mit diesem Buch, entstanden aus vielen Jin Shin Jyutsu-Selbsthilfekursen, will die Autorin speziell Kindern und Jugendlichen Möglichkeiten aufzeigen, wie sie selbst ihre Lebensenergie wieder ins Gleichgewicht bringen können, mit Ängsten,Wut,Trauer u. a. umgehen und bei verschiedenen Krankheiten ihre Selbstheilungskräfte aktivieren oder sogar bei Schulproblemen sich selbst helfen können. Mithilfe von Fotos und Erklärungen lernen sie, sich selbst eigenverantwortlich wahr- und ernstzunehmen und mit einfachen Handgriffen in Harmonie und Entspannung zu bringen, eine wertvolle Ergänzung zu herkömmlichen Heilmethoden.

Jin Shin Jyutsu – Die Heilkraft liegt in Dir

Leben in Gesundheit, Freude und Fülle
Tina Stümpfig-Rüdisser

Paperback, 176 Seiten, 100 vierfarbige Fotos, 35 Grafiken, 18 Tabellen, ISBN 978-3-86616-151-1

Jin Shin Jyutsu (wörtlich übersetzt: die Kunst des Schöpfers durch den mitfühlenden Menschen) ist eine mehrere tausend Jahre alte Kunst zur Harmonisierung der Lebensenergie im Körper, eine Verbindung von spiritueller Lehre und praktischer Geist-Seele-Körper-Arbeit. In diesem Buch stellt die Autorin eine einfache, für jeden anwendbare Methode vor, mit Hilfe der eigenen Hände, des Atmens und des bewussten Denkens die Energien im Körper in eine harmonische Strömung und Schwingung zu versetzen, die es ermöglicht, Energieblockaden im Körper und verhärtete Muster und Glaubenssätze aufzulösen. Übungen mit anregenden, kraftvollen Affirmationen, ein 26-Wochen-Programm, viele Fotos, Abbildungen und genaue Hinweise fördern die Anwendung.

Jin Shin Jyutsu – Das Powerprogramm für Kinder und Jugendliche

Leistungsfähigkeit, Ausdauer, Konzentration, Gelassenheit
Tina Stümpfig-Rüdisser

Paperback, 160 Seiten, 64 farbige Fotos, 37 Grafiken, 2 Tabellen, ISBN 978-3-86616-201-3

In diesem Buch finden Kinder und Jugendliche viele einfache, aber kraftvolle Möglichkeiten, wie sie sich selbst unterstützen können, gesund, mutig, freudvoll und angstfrei zu leben, ihren Lebenssinn zu finden und ihr Potential auszudrücken. Jin Shin Jyutsu ist eine uralte Heilmethode, die Harmonie in Körper, Geist und Seele bringt. Durch einfaches Auflegen der Hände auf bestimmte Punkte am Körper beginnt die Lebensenergie wieder ungehindert zu fließen, die Selbstheilungskräfte werden aktiviert, Ängste verschwinden, Wut und Trauer wandeln sich, Stress wird abgebaut. Konzentration und Leistungsfähigkeit werden gesteigert, und es entstehen Freude, Mut, Kraft und das Vertrauen ins Leben und zu sich selbst. Alle Übungen sind mit vielen Fotos und Abbildungen veranschaulicht und einfach und ohne Vorkenntnisse anwendbar.

Lebensquell Jin Shin Jyutsu

Ein Gesundheitsprogramm für mehr Wohlbefinden und Vitalität

Tina Stümpfig-Rüdisser

Paperback, 184 Seiten, 186 farbige Fotos, ISBN 978-3-86616-177-1

Mit diesem Buch haben Sie ein wunderbares Werkzeug, positiv und heilend auf Körper, Geist und Seele einzuwirken. Indem Sie Ihre Hände auf bestimmte Energiepunkte Ihres Körpers legen, stärken Sie Ihre Selbstheilungskräfte und fördern Ihre Gesundheit und Ihr Wohlbefinden in allen Lebensbereichen. Jin Shin Jyutsu bringt Harmonie in Körper, Geist und Seele zurück, fördert die Regeneration und Erneuerung der Zellen, verlangsamt den Alterungsprozess und erfüllt Sie mit neuer Kraft und Lebensenergie. Die Übungen sind mit vielen Fotos veranschaulicht, klar beschrieben und ohne Vorkenntnisse einfach auszuführen. Die Themen und Symptome sind übersichtlich alphabetisch geordnet.

Was mir meine Tiere schenken

Das Glück der Lamafrau

Maria Köllner

Paperback, 200 Seiten, 20 Fotos, ISBN 978-3-86616-111-5

Wie schon in ihrem ersten Buch „Die Lamafrau – mit Mut in ein neues Leben" lädt die Buch- und Filmautorin sowie Journalistin Maria Köllner die Leser auf ihren idyllischen Hof „Ave" in der Lüneburger Heide ein. Mit viel Gefühl und Humor beschreibt sie, nachdem ihre jüngste Tochter das Haus verlassen hat, ihr verändertes Leben, neue Begegnungen, Erlebnisse und Erfahrungen mit Tieren, mit Menschen und sich selbst. Glück, Vertrauen und Geborgenheit, Lebenskraft und Lebensfreude, die sie dabei empfindet, gibt sie an ihre Leser weiter. Dieses Buch – mit schönen, ansprechenden Fotos der Tierfotografin Angela Kraft – erzählt und veranschaulicht, wie ein Leben mit Tieren und der Natur spannend, erheiternd und bereichernd sein kann, besonders für die Menschen, die sich durch die Komplexität und Hektik der modernen, meist städtisch geprägten Welt gestresst und überfordert fühlen. Es ist eine Einladung in die wunderbare Vielfalt des Lebens.

Weisheiten der Schnüffelnasen

Botschaften der Hunde für uns Menschen

Sabina Pilguj

Hardcover, 144 Seiten, 40 farbige Fotos, ISBN 978-3-86616-194-8

Die Autorin beschreibt in kurzgefassten Kapiteln ihre Beobachtungen und Erfahrungen mit Hunden und bezieht diese vergleichend auf menschliches Verhalten. Sie macht – nicht nur Hundeliebhabern – bewusst, dass Hunde treu, liebevoll, wahrhaftig, wachsam und entschlossen sind, Lebensfreude vermitteln und den Menschen gut tun, sogar menschliche Heilprozesse fördern. Dieses mit vielen farbigen Fotos anschaulich gestaltete Buch regt den Leser an, über sein und allgemein menschliches Verhalten nachzudenken und seine Einstellungen und sein Handeln entsprechend zu ändern, um bewusster, friedvoller, glücklicher, erfüllter zu leben.